解读地球密码

丛书主编 孔庆友

地球年轮 地史

Geohistory
The Annual Rings of Earth

本书主编 陈 军 杜圣贤 史国萍

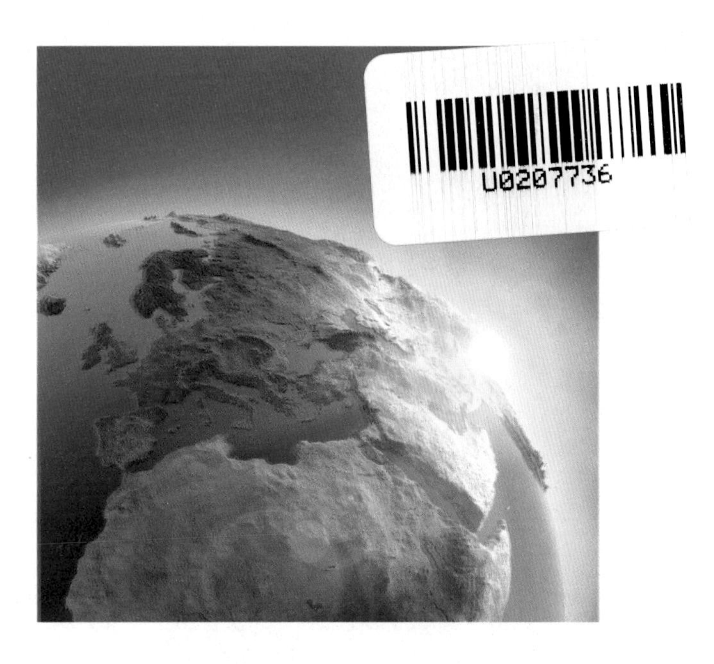

山东科学技术出版社
·济南·

图书在版编目（CIP）数据

地球年轮——地史 / 陈军，杜圣贤，史国萍主编 . -- 济南：山东科学技术出版社，2016.6（2023.4 重印）

（解读地球密码）

ISBN 978-7-5331-8353-0

Ⅰ . ①地… Ⅱ . ①陈… ②杜… ③史… Ⅲ . ①地史学 - 普及读物 Ⅳ . ① P53-49

中国版本图书馆 CIP 数据核字（2016）第 141275 号

丛书主编 孔庆友

本书主编 陈 军 杜圣贤 史国萍

地球年轮——地史

DIQIU NIANLUN——DISHI

责任编辑：焦 卫 宋丽群

装帧设计：魏 然

主管单位：山东出版传媒股份有限公司

出 版 者：山东科学技术出版社

地址：济南市市中区舜耕路 517 号

邮编：250003 电话：（0531）82098088

网址：www.lkj.com.cn

电子邮件：sdkj@sdcbcm.com

发 行 者：山东科学技术出版社

地址：济南市市中区舜耕路 517 号

邮编：250003 电话：（0531）82098067

印 刷 者：三河市嵩川印刷有限公司

地址：三河市杨庄镇肖庄子

邮编：065200 电话：（0316）3650395

规 格：16 开（185 mm × 240 mm）

印 张：7.75 **字数：**140 千

版 次：2016 年 6 月第 1 版 **印次：**2023 年 4 月第 4 次印刷

定 价：35.00 元

审图号：GS（2017）1091 号

普及地质科学知识
提高民族科学素质

李廷栋
2016年元月

传播地学知识，弘扬科学精神，
践行绿色发展观，为建设
美好地球村而努力。

翟裕生
2015年10月

贺 词

自然资源、自然环境、自然灾害，这些人类面临的重大课题都与地学密切相关，山东同仁编著的《解读地球密码》科普丛书以地学原理和地质事实科学、真实、通俗地回答了公众关心的问题。相信其出版对于普及地学知识，提高全民科学素质，具有重大意义，并将促进我国地学科普事业的发展。

国土资源部总工程师

编辑出版《解读地球密码》科普丛书，举行业之力，集众家之言，解地球之理，展齐鲁之貌，结地学之果，蔚为大观，实为壮举，必将广布社会，流传长远。人类只有一个地球，只有认识地球、热爱地球，才能保护地球、珍惜地球，使人地合一、时空长存、宇宙永昌、乾坤安宁。

山东省国土资源厅副厅长

编著者寄语

★ 地学是关于地球科学的学问。它是数、理、化、天、地、生、农、工、医九大学科之一，既是一门基础科学，也是一门应用科学。

★ 地球是我们的生存之地、衣食之源。地学与人类的生产生活和经济社会可持续发展紧密相连。

★ 以地学理论说清道理，以地质现象揭秘释惑，以地学领域广采博引，是本丛书最大的特色。

★ 普及地球科学知识，提高全民科学素质，突出科学性、知识性和趣味性，是编著者的应尽责任和共同愿望。

★ 本丛书参考了大量资料和网络信息，得到了诸作者、有关网站和单位的热情帮助和鼎力支持，在此一并表示由衷谢意！

科学指导

李廷栋 中国科学院院士、著名地质学家

翟裕生 中国科学院院士、著名矿床学家

编著委员会

主　　任 刘俭朴　李　琥

副 主 任 张庆坤　王桂鹏　徐军祥　刘祥元　武旭仁　屈绍东
刘兴旺　杜长征　侯成桥　臧桂茂　刘圣刚　孟祥军

主　　编 孔庆友

副 主 编 张天祯　方宝明　于学峰　张鲁府　常允新　刘书才

编　　委 （以姓氏笔画为序）

卫　伟　王　经　王世进　王光信　王来明　王怀洪
王学尧　王德敬　方　明　方庆海　左晓敏　石业迎
冯克印　邢　锋　邢俊昊　曲延波　吕大炜　吕晓亮
朱友强　刘小琼　刘凤臣　刘洪亮　刘海泉　刘继太
刘瑞华　孙　斌　杜圣贤　李　壮　李大鹏　李玉章
李金镇　李香臣　李勇普　杨丽芝　吴国栋　宋志勇
宋明春　宋香锁　宋晓媚　张　峰　张　震　张永伟
张作金　张春池　张增奇　陈　军　陈　诚　陈国栋
范士彦　郑福华　赵　琳　赵书泉　郝兴中　郝言平
胡　戈　胡智勇　侯明兰　姜文娟　祝德成　姚春梅
贺　敬　徐　品　高树学　高善坤　郭加朋　郭宝奎
梁吉坡　董　强　韩代成　颜景生　潘拥军　戴广凯

书稿统筹 宋晓媚　左晓敏

目录

CONTENTS

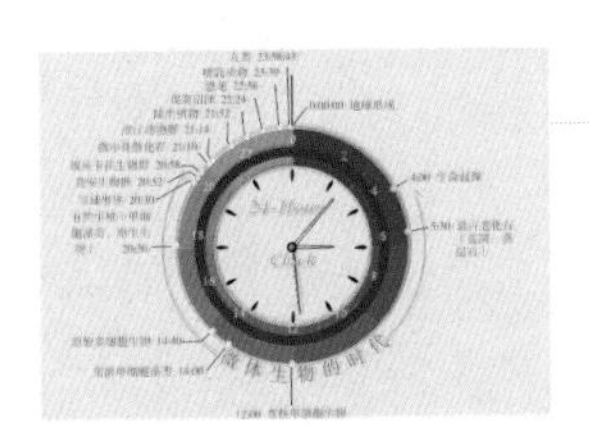

前寒武纪纵横
（地球形成之初~5.42亿年前）

混沌的冥古宙（地球形成之初~40亿年前）/15

冥古宙，即所谓的“黑暗时代”。这一时期地球历史包括原始地壳、原始陆壳的性质和形成等复杂的问题，这也是生命要素开始形成并不断积累的时期。

开天辟地的太古宙（40亿~25亿年前）/17

太古宙是地球演化的关键时期，是一个地壳薄、火山岩浆活动强烈、岩层普遍遭受变形与变质的时期，是一个硅铝质地壳形成并不断增长的时期，也是原始生命出现及生物演化的初级阶段。

漫长的元古宙（25亿~5.42亿年前）/25

这是大陆板块、大气圈和水圈形成的时期，是超大陆聚合、裂解的动荡时期，是“雪球地球”现象出现的时期，是菌藻类时代来临的时期，是生命进化第一次跃进的时期。

早古生代纵览
（5.42亿~4.16亿年前）

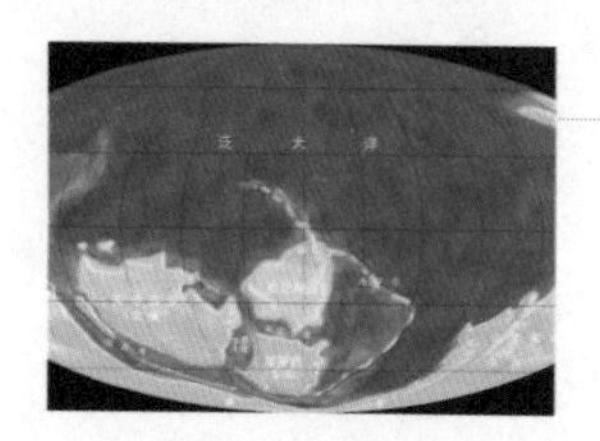

海陆大变迁/33

早古生代时期地球仍然是汪洋泽土，海洋占有绝对优势，全球存在的五个分离的古大陆，彼此被大洋分隔而呈分离状态，冈瓦纳大陆是当时最大的一个整体大陆。

生命大爆发

寒武纪生命大爆发/36

5.3亿年前寒武纪开始的2000多万年的时间内，地球上几乎是“同时地”“突然地”“短时间地”出现了多种门类动物同时存在的繁荣景象，这就是“寒武纪生命大爆发”，它是生物进化的重大事件，也是古生物学和地质学上的一大悬案。

多彩的生物界/38

从早古生代开始海生无脊椎动物大量出现，其中的寒武纪被称为“三叶虫时代”，奥陶纪被称为“头足时代”，志留纪被称为“笔石时代”；除此之外，植物由早期的藻类发展到陆生裸蕨类的出现，实现了从海生到陆生的飞跃。

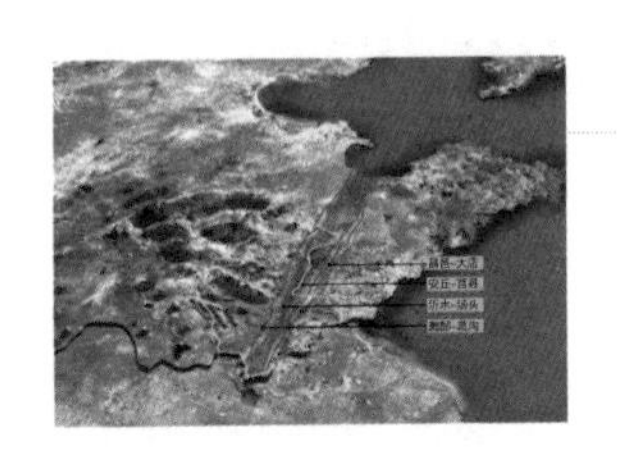

早古生代的中国和山东/44

当时的中国分散着几大陆块，它们之间的发展状况不尽相同；澄江动物群是当时生物界的代表，并出现生物地理分区。当时的山东总体为东深西浅、稳定的陆表海盆地。

Part 4 晚古生代纵观
（4.16亿~2.52亿年前）

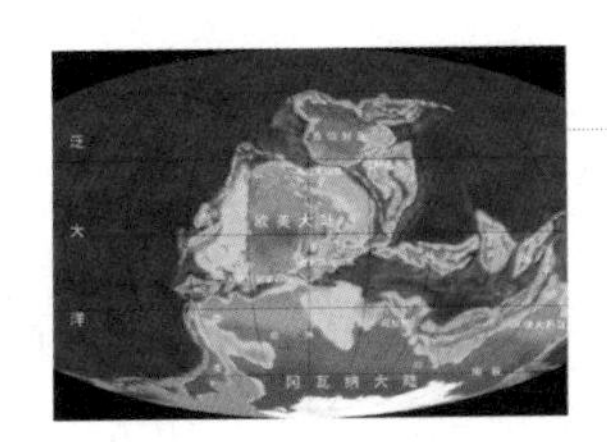

全球大地构造轮廓和古地理环境/49

受加里东运动和海西运动的影响，晚古生代时期地球的古地理面貌发生了很大的变化，气候出现明显的南北分异现象，南半球冰川广布；二叠纪末形成了“盘古大陆”。

生物界的大发展/53

晚古生代是陆生生物大发展的新阶段，陆地上出现了裸蕨植物群并可形成小规模森林，地球开始披上真正的绿装；二叠纪晚期出现裸子植物，陆生动物也得到巨大发展，“鱼类时代”“巨虫时代”“两栖动物时代”就是最好的证明。

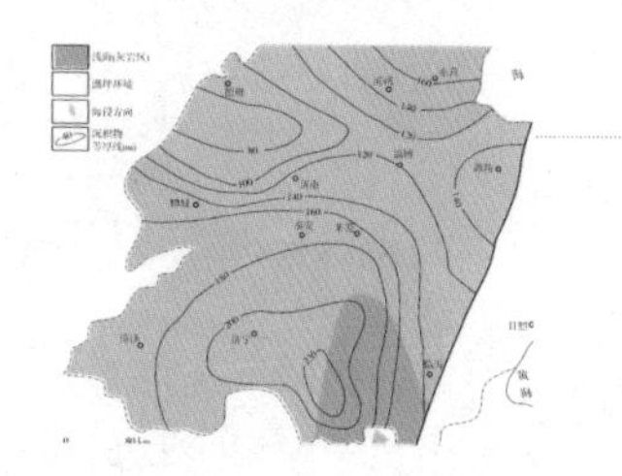

晚古生代的中国和山东/60

晚古生代时期，中国也和世界许多地方一样，是由海洋占优势向陆地面积进一步扩大发展的时代，初步奠定了中国目前的地貌轮廓；此时的山东大地也完成了由海到陆的大变迁。

Part 5 中生代纵说
（2.52亿~6550万年前）

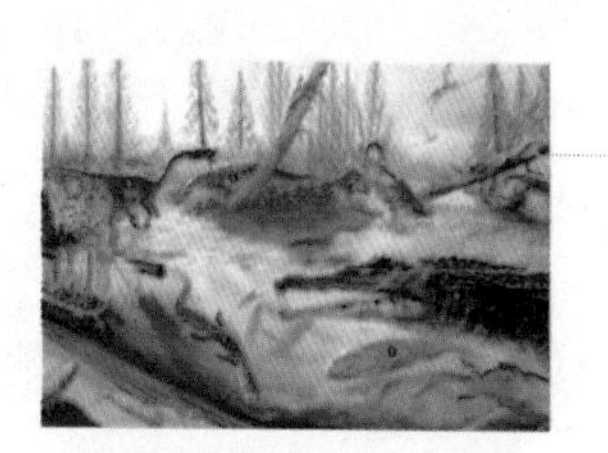

“盘古大陆”的裂解与古气候/65

中生代是全球板块与大地构造运动的活跃时期，“盘古大陆”裂解，各大陆逐渐移动到接近今天的位置；整个中生代的气候比较温暖干燥。

生物界的大变革/70

中生代时期脊椎动物首次占领了陆、海、空全方位领域，海生无脊椎动物呈现崭新的面貌，陆生动植物也进入一个新的发展阶段。恐龙成为当时地球的霸主，原始哺乳动物和原始的鸟类出现，繁盛的被子植物也在这时发展起来。

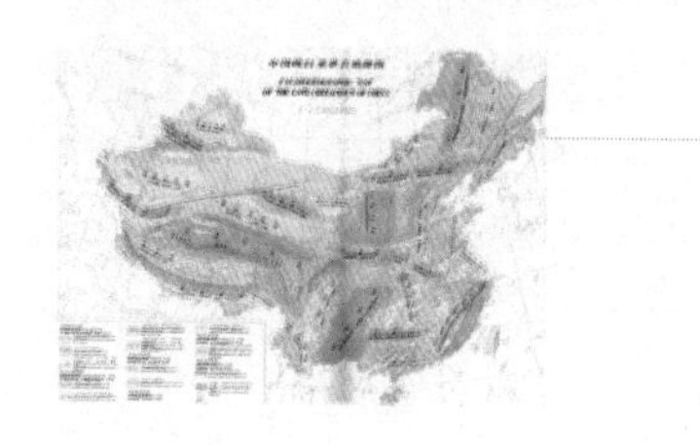

中生代的中国和山东/80

受燕山运动的影响，中国大地构造格局和古地理环境较之前相比发生了巨大的变化，结束了“南海北陆”的格局并转化为东西方向的差异。山东中生代形成了一系列受构造控制的陆相盆地，构成了盆岭相间的格局。

Part 6 新生代纵谈

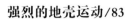

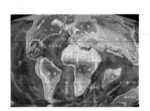

（6 550万年前~现今）

Part 7 人类的发展和进化

人类发展史/100

人类的出现是地球生物长期进化的结果。纵观其发展史，人类是从哺乳动物中的猿类进化而来，从猿类的出现到发展为现代人类，经历了古猿、能人、直立人、早期智人、晚期智人和现代人的多个演化时期。

中国古人类发展/104

中国是人类起源和发展的重要地区，中国的古人类发展在全球人类发展史上有着重要的地位。经过研究认为，至今在我国已发现有古猿类、直立人、早期智人和晚期智人等发展阶段。

山东古人类代表/107

山东地区目前发现的古人类化石有沂源猿人和新泰乌珠台人，分别属于人类演化历史的直立人和晚期智人阶段，其时代分别为第四纪更新世的中期和晚期。

附表　全球构造运动一览表/108

参考文献/110

地学知识窗

地史学/3　化石、指相化石/5　板块构造说/7　地层接触关系/10　克拉通/17　地盾/19　迁西运动/20　泰山岩群/22　TTG岩石/23　吕梁运动/30　晋宁运动、复理石建造/31　加里东运动/35　三叶虫/39　生物集群灭绝/41　澄江动物群/45　沂沭断裂带/47　海西运动/50　古特提斯洋/53　峨眉山玄武岩/60　印支运动/80　燕山运动/81　第四纪冰期/88　喜马拉雅运动/95　新构造运动/98

Part 1 地史纵论

150亿年前宇宙的诞生奠定了今天地球的物质基础，在经历了漫长的演化之后，距今46亿年前，地球作为一颗独立的天体出现在宇宙的舞台上。此后，地球系统逐渐由简单到复杂，各个组成部分既相互联系又相互影响，直至形成我们今天生活的地球。在这漫长的历程中，地球系统的运动以及运动所带来的地貌变迁和生命活动共同构成了地球的历史。

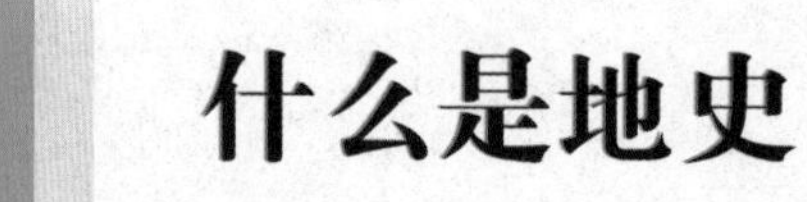

什么是地史

地球的发展历史简称地史，简单地说就是地球从诞生至现今的演化历史，它包括生物演化史、构造运动史、沉积发展史等等（图1-1）。

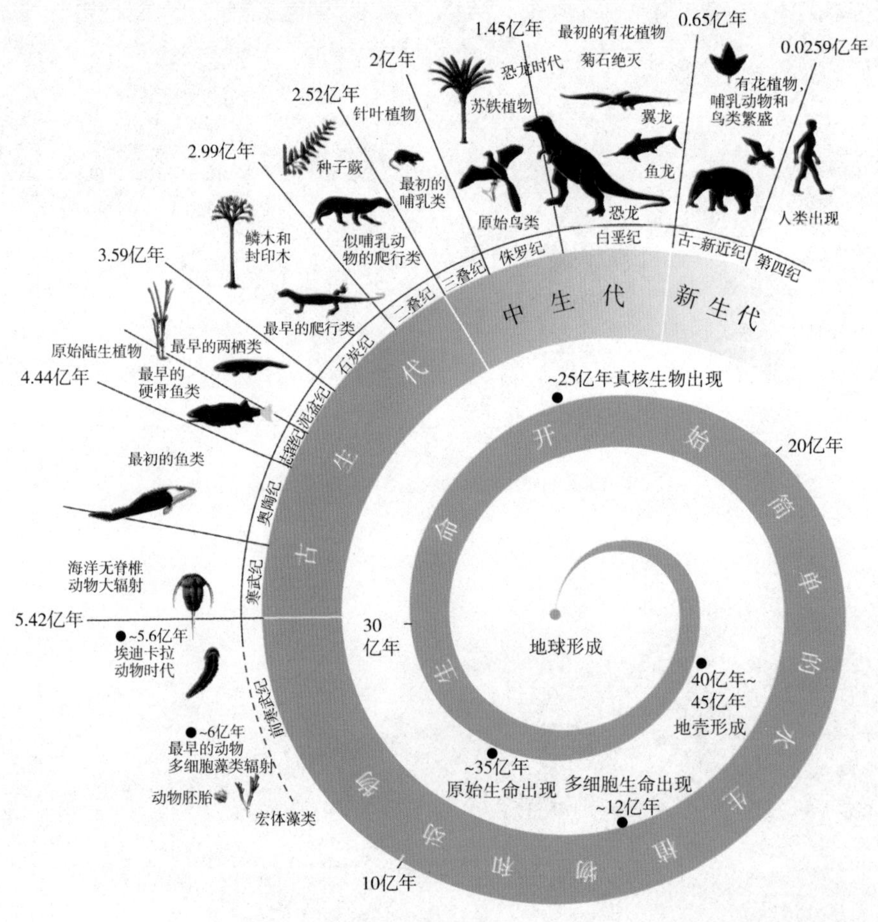

△ 图1-1 地质年代及生物演化图

地球历史是如何划分的

地球历史划分的依据

地球历史的划分主要通过地质年代、岩石地层、古生物演化、构造运动和地质历史事件等综合因素进行。

地质年代：是指地球上各种地质事件发生的年代，它又包含相对地质年代和绝对地质年代。相对地质年代依据地层的生成顺序和相对的新老关系而定，它只表示地质历史的相对顺序和发展阶段，不表示各个地质时代单位的长短。20世纪30年代之后，地质学家们给地质年代赋予了具体的年龄值，即绝对地质年代，目前主要通过对岩石中放射性同位素含量的测定，根据其衰变规律来计算出该岩石的年龄。

岩石地层：地层沉积研究的基本资料是在地质历史时期中形成的岩石记录，把野外见到的成层岩石（沉积岩、火山岩及其变质岩）泛称为岩层，当涉及探讨它们的先后顺序、地质年代时，就称为地层。一般地层自底到顶部按时间由老到新排列，每个时代沉积的地层因为供源物质、气候、环境的不同而有所差异。

——地学知识窗——

地 史 学

也称历史地质学，是研究地球历史的科学，主要运用古生物学、地层学、地质年代学和古地理学等理论与方法，研究各个地质历史时期的古地理、古沉积环境变迁、岩浆活动和地质构造运动特征、古生物分布与演化、变质事件与变质作用等，从而比较全面地总结出地壳构造演化的一般规律。

古生物演化：众所周知，生物是从简单到复杂、从低级到高级且不可逆反发展的，每个阶段有其代表性生物或者说某个阶段的某种生物占主导，如大家所知道的中生代便是恐龙繁盛时代。因此，每个时代的地层里都存留着那个时代的生物，能反映某个时代生物特点的便是这个时代地层中的古生物化石了（图1–2）。

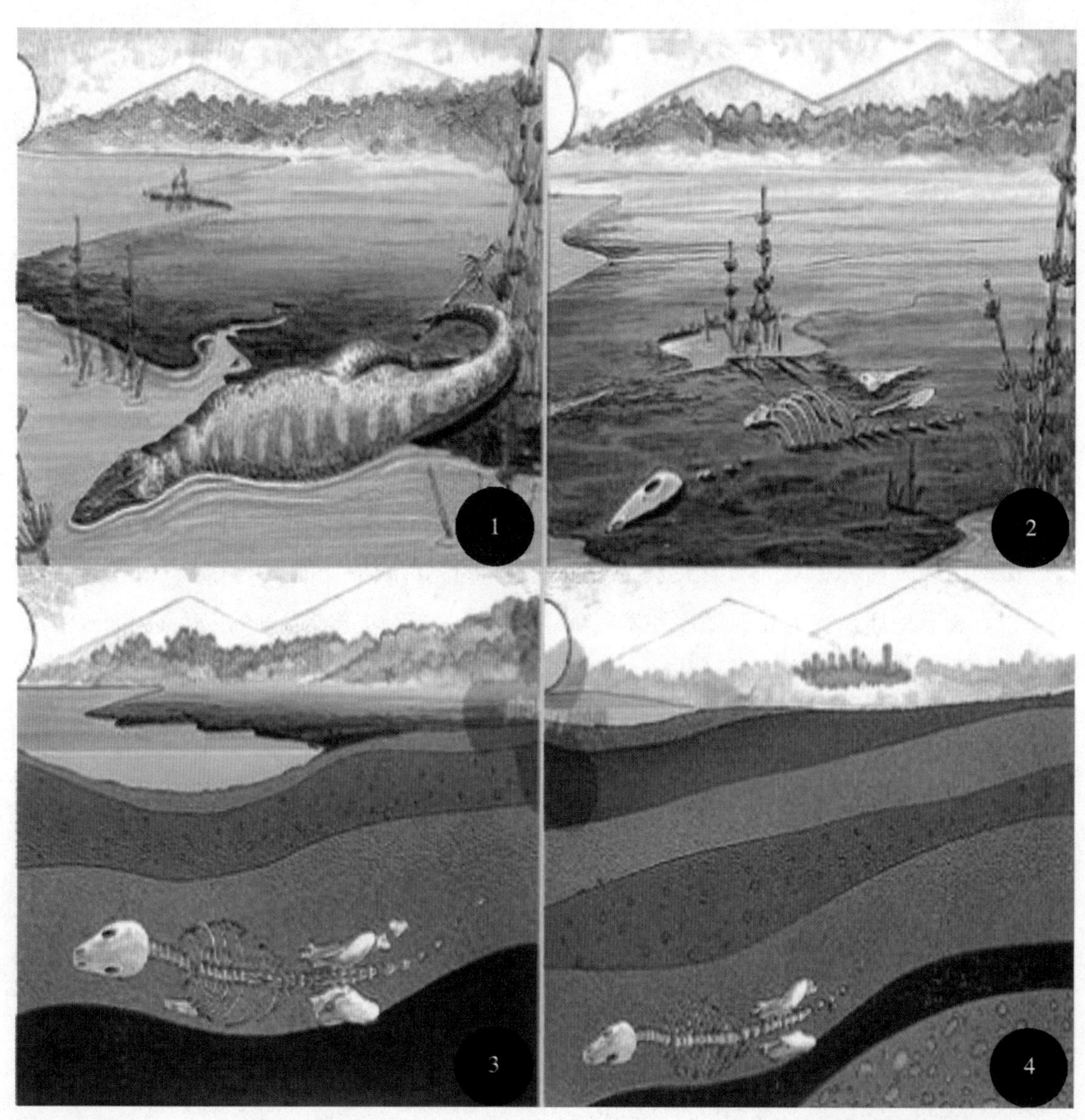

图1–2　化石的形成过程

——地学知识窗——

化 石

由于自然作用保存在地层中的地史时期的生物遗体、遗迹统称为化石。其必须与古代生物相联系，必须具有形态、结构、纹饰和有机化学成分等生物特征，必须有由古生物生活活动所产生并保留下来的痕迹；一些保存在岩石中与生物活动无关的物体，虽在形态上与某些化石相似，但只能称为“假化石”，如姜结石、龟背石等。化石根据其保存类型可分为实体化石、遗迹化石（包括遗物化石）和化学化石。

生物化石的古生态研究是重建地史时期古地理、古气候的重要依据，也可以说化石是地球历史这本万卷书中的文字。每种生物都是生活在一定的环境，适应环境的结果；各种生物在其习性行为和身体形态结构上都具有反映环境条件的特征，利用这些特征就可以推断生物的生活环境，同时根据一个地质时期各种生物的生活环境和气候条件的研究，就可以推断该时期的海陆分布、海岸线位置和湖泊、河流、沼泽的范围等，如贝壳岩反映海滨环境，生物岩礁反映低纬度暖海环境，泥炭或煤反映潮湿沼泽环境等。

构造运动：从地球产生之日起构造运动一直在进行中，它是由地球内力引起

——地学知识窗——

指相化石

能够指示生物生活环境特征的化石称为指相化石。不同的自然地理环境生活着不同的生物组合，也沉积着不同的沉积物，形成不同的沉积相，其中所含的化石组合也不相同。而生物对其生活环境变化的反映远较沉积物明显，是自然地理环境最好的指示者。如珊瑚、腕足类、棘皮动物等都是只生活在海洋中的生物，如果在地层中找到这类化石，也就可以推断含有这些化石的地层是在海洋中形成的海相地层。

地壳乃至岩石圈的变位、变形等机械作用和相伴随的地震活动、岩浆活动和变质作用，产生褶皱、断裂等各种地质构造，引起海陆轮廓的变化、地壳的隆起和凹陷以及山脉、海沟的形成等。构造运动在地壳演变的过程中起着重大作用。

地质历史时期发生的地壳构造运动距今久远，可以根据古构造运动遗留的各种形迹来恢复。具体说来，保留在岩石地层中的构造形迹，如断层擦痕、拉伸线理等，以及地质剖面中的岩相、岩层厚度和层间接触关系，都能间接地反映出古构造运动的历史；简单地说就是通过沉积物或沉积岩的厚度、岩相变化、褶皱和断裂以及地层接触关系等，来了解地质历史时期的构造运动的状况（图1–3）。

图1–3　构造运动产生的褶皱、断层等

——地学知识窗——

板块构造说

该学说是当前最具有影响的关于全球构造形成、演化的学说。1912年魏格纳提出大陆漂移学说，20世纪60年代赫斯和迪茨提出海底扩张理论；1965年威尔逊提出转换断层和板块构造概念，由此产生了板块构造学说。该学说认为：地球表层岩石圈分为若干个“刚性”板块漂浮于上地幔软流圈之上，进行大规模水平运动，使板块间发生离散、汇聚和走滑作用，导致大洋的扩张与大陆裂解和碰撞造山闭合，并使板块边界发生地震、火山活动等。一般认为板块运动的动力来自地幔对流和海底扩张作用（图1-4）。

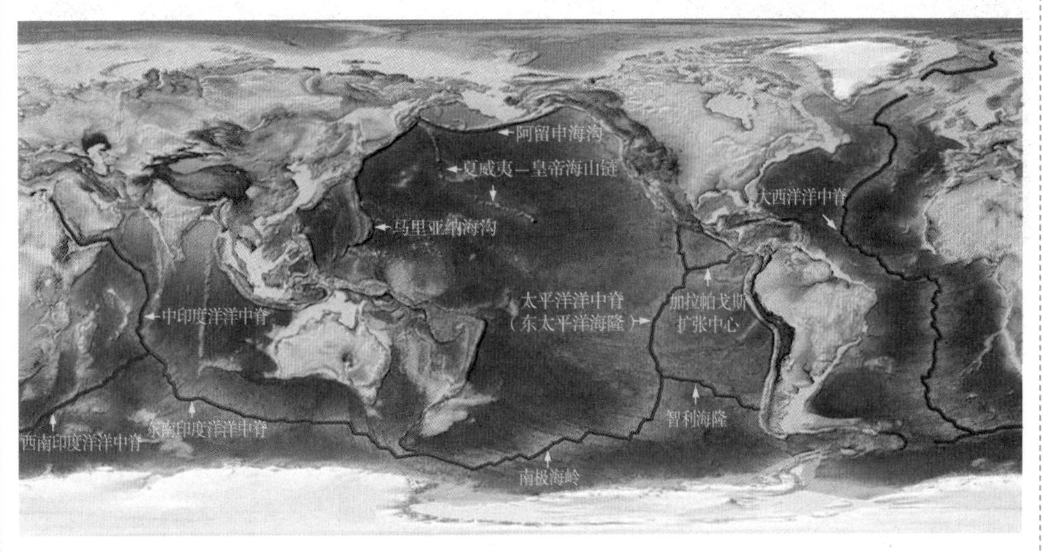

图1-4　板块构造

地质历史事件：是指地质历史时期稀有的、突然发生的、在短暂时间内完成而且影响范围广大的自然现象，它在岩层中留下能被识别的显著标志。从时间概念的角度来说，地质事件是瞬时性变革，或者是极短促的一段过程，或者是一个过程的开始或者结束。地质事件可分为宇宙（地外）事件和地内事件，二者又包括各种次一级事件。宇宙事件包括小行星、彗星对地球的撞击、超新星爆炸和太阳耀斑等（图1-5）；地内事件有生物集群绝灭、地磁极倒转、大规模海平面升降、火山喷发、冰川活动、沉积环境突变等。

图1-5　最著名的地外事件——白垩纪末期小行星撞击地球事件

地质年代的划分

按地层形成年龄将地球的演化史划分成一些单位，这样可便于我们进行地球和生命演化的表述。因此，在研究地球历史时，科学家们仿用了人类历史研究中划分社会发展阶段的方法，根据上述的划分依据将地球的演化发展史分成若干阶段。1881年，国际地质学会正式通过了至今还在通用的地层划分表，之后又不断进行了修订、完善，形成了一套完整的地质年代划分系统。这个系统中，时间表述单位为宙、代、纪、世、期、时，而相应的年代地层表述单位为宇、界、系、统、阶、时带。对地质历史中“宙-代-纪-世”的理解可与我们生活中“年-月-日-时”相类比（图1-6）。

“宙”是划分系统中的最大单位，由古至今分为冥古宙、太古宙、元古宙和显生宙，而前三个宙人们又习惯称为

宙	代	纪	世	地质年龄（百万年）	构造运动	板块演化	主要生物演化	生物时代及灭绝事件	
显生宙 Phancrozoic	新生代 Cenozoic	第四纪 Quaternary	全新世 Holocene	0.0117		现在全球板块分布	人类出现	人类时代	
			更新世 Pleistocene	2.588	喜马拉雅运动（晚期）				
		新近纪 Neogene	上新世 Pliocene	5.30	喜马拉雅运动（中期）		哺乳动物	哺乳动物时代	
			中新世 Miocene	23.03					
		古近纪 Paleogene	渐新世 Oligocene	33.80	喜马拉雅运动（早期）		裸子植物和鸟类		
			始新世 Eocene	55.80					
			古新世 Paleocene	65.50	燕山运动（晚期）				
	中生代 Mesozoic	白垩纪 Cretaceous	晚 Late				裸子植物和恐龙	恐龙时代	第五次物种灭绝
			早 Early	145.0	燕山运动（中期）				
		侏罗纪 Jurassic	晚 Late		燕山运动（早期）				
			中 Middle						
			早 Early	199.60					
		三叠纪 Triassic	晚 Late						第四次物种灭绝
			中 Middle						
			早 Early	252.17	印支运动	盘古大陆开始裂解			第三次物种灭绝
	古生代 Paleozoic	二叠纪 Permian	乐平世 Lopingian			盘古大陆形成	两栖动物	两栖动物时代	
			阳新世 Yangsingian						
			船山世 Cuanshannian	299.0	海西运动				
		石炭纪 Carboniferous	晚 Late			盘古大陆初见雏形	巨型昆虫和肯蕨类森林	昆虫时代	
			早 Early	359.58					
		泥盆级 Devonian	晚 Late				蕨类植物和鱼类	鱼类时代	第二次物种灭绝
			中 Middle						
			早 Early	416.0	加里东运动	各大陆开始聚合			
		志留纪 Silurian	普里道多世 Furongian					笔石时代	
			拉德洛世 Ludlow			劳亚大陆逐渐形成	笔石和裸蕨		
			文洛克世 Wenlock						
			兰多弗里世 Landovery	443.80	古浪运动				
		奥陶纪 Ordovician	晚 Late				头足类	头足时代	第一次物种灭绝
			中 Middle						
			早 Early	485.40	兴凯运动	潘诺西亚大陆继续裂解			
		寒武纪 Cambrianttt	芙蓉世 Furongian				三叶虫和藻类	三叶虫时代	
			第三世 Series3						
			第二世 Series2			潘诺西亚大陆开始裂解			生物大爆发
			纽芬兰世 Terreneuvian	542.0					
元古宙 Protoerozoic	新元古代 Neo-Neoarchean	震旦纪 Sinian		635.0			埃迪卡拉动物群	藻类时代	
		南华纪 Nanhuan		780.0	晋宁运动	潘诺西亚大陆			
		青白口纪 Qingbaikouan		1000.0					
	中元古代 Meso-Neoarchean	待建		1400.0					
		蓟县纪 Jixianian		1600.0					
		长城纪 Changchengian		1800.0					
	古元古代 Paleo-Neoarchean	滹沱纪 Hutuoan		2500.0	吕梁运动 五台运动 阜平运动	路核与板块开始形成	雪球地球事件	原始生命时代	
太古宙 Archean	新太古代 Neoarchean			2800.0					
	中太古代 Mesoarchean			3200.0					
	古太古代 Paleoarchean			3600.0					
	始太古代 Eoarchean			4000.0		地球开始形成	原始生命诞生		生命出现
冥古宙 Hadean	冥古代 Hadean			4600.0					

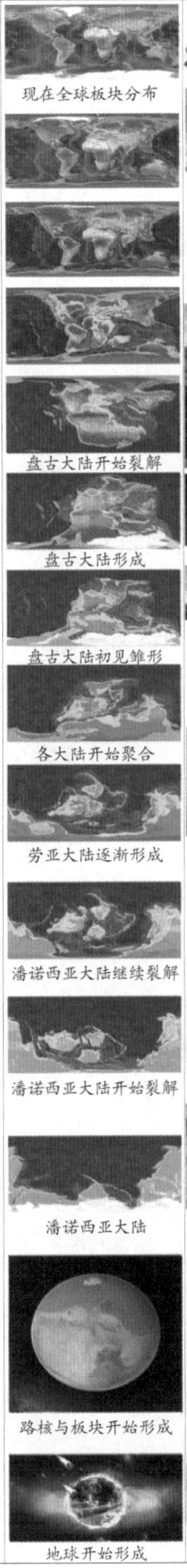

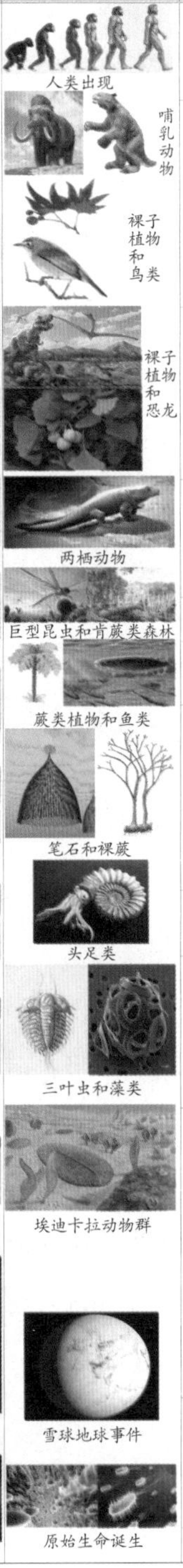

图1-6 地质年代划分简表

隐生宙，即看不到或者很少见有生物的时代。

“宙”的下一级单位是“代”。如显生宙包括古生代、中生代和新生代。

“代”的下一级单位是“纪”，目前在中国常用的划分系统中，最古老的纪是古元古代的滹沱纪，之后还有长城纪、蓟县纪、青白口纪、南华纪和震旦纪。古生代有六个纪，由早至晚依次为寒武纪、奥陶纪、志留纪、石炭纪、泥盆纪和二叠纪，其中，前三个纪归于早古生代，后三个纪为晚古生代。中生代有三个纪，由早至晚为三叠纪、侏罗纪和白垩纪；最晚的新生代分为古近纪、新近纪和第四纪。

“纪”之下还有分级单位，如“世”，按照惯例，一般是将某个纪分成几个等份，多数“纪”包括早、中、晚三部分；也有一些仅分为两部分，如白垩纪之下为早白垩世和晚白垩世；还有一些是根据习惯或其他一些方法进行了划分，如新生代按照习惯依次分为七个世，包括古新世、始新世、渐新世、中新世、上新世、更新世和全新世；再如寒武纪之下划分了纽芬兰世、第二世、第三世和芙蓉世。

当然，“世”之下还划分有“期”和“时”，但目前全球范围内大家通用的划分单位只到“世”“期”和“时”一般仅限于区域性或小范围使用，在此不作详细介绍。

——地学知识窗——

地层接触关系

是指新老地层或岩石在空间上的相互叠置状态，通常分为两种类型：整合接触（简称整合）和不整合接触（简称不整合），其中不整合接触中又有平行不整合接触（又称假整合接触）和角度不整合接触。整合接触即上下地层之间没有发生过长时期沉积中断或地层缺失，即地层是连续的；不整合接触即上下地层之间有过长时期沉积中断，出现地层缺失，即地层是不连续的；假整合接触是新老两套地层虽彼此平行，但不连续沉积，有沉积间断，缺少部分地层，且老地层顶面往往可见风化剥蚀的痕迹。

地球历史的别样解读

地球诞生已有46亿年，先后经历了冥古宙、太古宙、元古宙、古生代、中生代以及我们现在所处的新生代。在地质研究中，对地质历史阶段的划分、地质事件的时间概念通常都是以万年、百万年乃至亿年为时间单位的，这与我们日常生活中的时间概念有着天壤之别。如果我们把地球46亿年的历史浓缩为一天，把地球自从它诞生至今的全部历史放在“24小时”内去理解地球演化历史的阶段划分和地质事件的时间概念，或许对我们有所帮助（图1–7）。

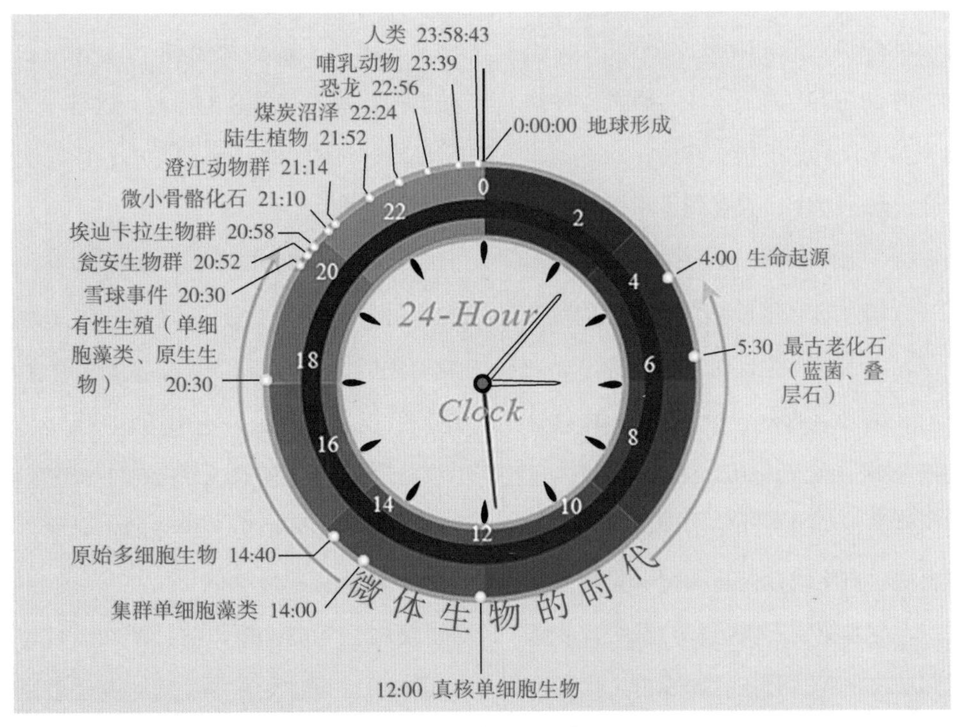

图1–7 地球历史演化的24小时示意图

地球于46亿年前开始诞生，这是地球历史演化的起点，若放在一天24小时中即是0点0分。

46亿年至40亿年前这段时间是地球的诞生期，即地质历史中的冥古宙时期，换算过来便是从0点0分到3点07分，也就是说地球诞生占用了地球史24小时的3小时又7分钟。

之后地球进入第二个地质年代–太古宙，时间是40亿年至25亿年前，换算后即3点07分到10点57分。在这个时期最重要的事件就是生命的出现，发生在大约36亿年前，相当于凌晨4点左右。

地球经过漫长的演化，进入元古宙时期，时间是25亿年至5.4亿年前，按地史为一天算，从上午10点57分，一直到21点10分，几乎整个白天直到傍晚地球都处于元古宙。这一时期，原核生物出现。

21点10分地球迎来了“寒武纪生命大爆发”，进入了古生代时期，结束于2.52亿年前，即22点41分。持续了1小时31分钟的古生代，是无脊椎动物繁盛期，鱼类、两栖类、爬虫类开始出现，绿色植物开始出现。古生代分为寒武纪、奥陶纪、志留纪、泥盆纪、石炭纪和二叠纪，前三个纪归早古生代，后三者属晚古生代。

寒武纪（5.42亿至4.85亿年前），即21点10分到21点28分，大型藻类开始出现，气候比较温和。

奥陶纪（4.85亿至4.43亿年前），即21点28分到21点41分，这13分钟是无脊椎动物的全盛期，气候温暖，海洋面积持续扩大。21点41分，地球上发生了第一次生物大灭绝，即奥陶纪生物大灭绝。

志留纪（4.43亿至4.16亿年前），即21点41分到21点50分，裸蕨植物和陆生节肢动物出现。

泥盆纪（4.16亿至3.6亿年前），即21点50分到22点07分，这17分钟是鱼类全盛期，并出现了很多新物种。21:50左右，动植物开始由海洋登上陆地，这是一个非常奇妙的过程。22点05分左右，第二次生物大灭绝发生。

石炭纪（3.6亿至2.99亿年前），即22点07分到22点26分，这19分钟是两栖类动物的全盛期，巨型有翅昆虫开始出现，气候温和潮湿，造山运动频繁。

二叠纪（2.99亿至2.52亿年前），即22点26分到22点41分。约在22点40分，第三次生物大灭绝发生。

2.52亿至6500万年前，即22点41分到23点40分，地球处于中生代，这是恐龙的全盛时期，它们称霸了地球1小时之久，于夜间23点40分全部灭亡。中生代下又分为三叠纪、侏罗纪和白垩纪。

三叠纪（2.52亿至2.0亿前），即22点41分到22点57分，这16分钟对地球来说很重要，在这16分钟里恐龙和哺乳动物出现了。约在22点56分，第四次生物大灭绝发生。

侏罗纪（2.0亿至1.45亿年前），22点57分到23点14分，这17分钟是恐龙的鼎盛期。

白垩纪（1.45亿至6500万年前），23点14分到23点40分，地球温度下降，地壳运动增加，内陆海及沼泽增多，开花植物和真鸟出现。23点40分左右，生物界经历了第五次物种大灭绝，恐龙时代就此终结，为哺乳动物和人类的登场提供了契机。

第五次生物大灭绝后，地球进入新生代，哺乳动物繁盛，尤其是灵长类动物出现。23点58分，这是个重要的时刻，因为人类开始登上历史舞台。在24小时的地球历史中，人类在最后2分钟才占领地史舞台；最后的1分钟，现代人类出现，但对于整个地球发展史来说仅仅是一瞬间而已。

Part 2 前寒武纪纵横

（地球形成之初~5.42 亿年前）

前寒武纪开始于大约46亿年前的地球形成时期，结束于约5亿4200万年前。前寒武纪约占整个地质时期的将近90%的时间，是地壳形成和发展史中的早期阶段。此阶段生物以水生菌藻植物为主，后期出现后生动物。人们对这段时期的了解相当少，这是因为前寒武纪少有化石记录；此外，许多前寒武纪时期的岩石已经严重变质，使其起源变得隐晦不明，而其他的岩石不是已经腐蚀毁坏，就是还埋藏在地层之下。

混沌的冥古宙（地球形成之初~40亿年前）

冥古宙（Hadean Eon），即所谓的“黑暗时代”，是太古宙之前的一个宙，有些科学家称其为地球的天文时期或地球的前地质时期，开始于地球形成，结束于40亿年前。冥古宙最初是由普雷斯顿·克罗德于1972年所提出的，原本是用来指已知最早岩石之前的时期。这一时期地球历史处于原始状态，由于冥古宙时期的原始地球既没有生命记录，又没有岩石存在及其可提供的数据信息，所以无法进行正式的细分。

根据许多地质学家的传统认识，冥古宙时的地球就像一个巨大的岩浆球，岩浆活动剧烈，火山爆发频繁，表面覆盖着熔化的岩浆海洋（图2-1）。之后，随着地球温度的缓慢下降和冷却，气体逸出并不断上升，在高空冷却成云致雨，这场大雨连续不断地下了足有几百万年，其中夹杂着强烈的闪电，岩石中的氮、氢等元素不断地被催化，逐渐地形成了氨基这种低级生命所必须的有机分子。随着不间断雨水的落入，地表渐渐地冷却，氨基酸等大分子形成，原始大气圈和海洋随之诞生。

然而，当时地表的温度、大气和水

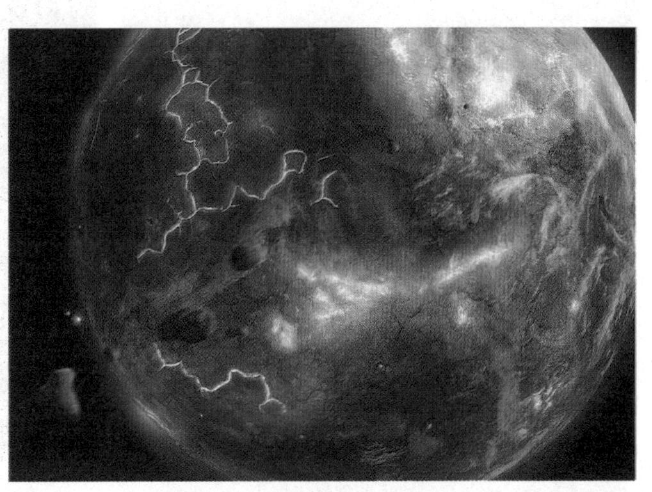

图 2-1　冥古宙时期地球就像一个巨大的岩浆球

图 2-2　冥古宙时期的地球被巨厚的橘红色云层封锁

体的组分和性质可能还不具备生命产生的条件，因而也不会出现风化侵蚀等地质作用及其产物。那时地球大气圈中含有大量的二氧化碳，地球也被厚厚的云层封锁着，太阳光几乎穿不透地球橘红色的天空，海洋的温度甚至高于150℃（图2-2）。在这沸腾的海洋里，孕育生命的各种元素在不断积累。

在冥古宙末期可能已经出现了小规模的水圈（图2-3）。更有学者通过对岩石中锆石和相关同位素的组成，并结合其形成的原因进行分析，认为早在43亿～44亿年前地球上就已经形成了陆地地壳和海洋。水圈的存在，为生命的早期演化提供了条件。同时，随着古老锆石的发现暗示着地球冷却的时间可能比之前想象的还要早（图2-4）。

图 2-3　冥古宙末期地球上出现了小规模水圈

图 2-4　逐渐冷却下来的地球

开天辟地的太古宙（40亿~25亿年前）

太古宙（Archaean Eon）是地球演化史中具有明确地质记录的最初阶段，它的大致时代为距今40亿~25亿年，延续时间长达15亿年。太古宙是地球演化的关键时期，地球的岩石圈、水圈、大气圈和生命的形成都发生在这一重要而又漫长的时期（图2-5）。

太古一词是1872年美国地质学家J.D.丹纳提出的，并用其大致代表北美的前寒武时期。1977年国际地层委员会前寒武纪地层分会第四次会议将“太古”的上界放在25亿年，并称之为太古宙。

图2-5　太古宙时地球环境复原图

古老大陆的形成

原始的地球由于温度的日渐降低，在地球的表面日渐形成了一层薄的光滑的具完整结构且均匀的坚硬外壳，这就是初始的地壳。

——地学知识窗——

克拉通

大陆地壳上长期稳定的构造单元，即大陆地壳中长期不受造山运动影响的相对稳定部分，常与造山带对应。W.H.施蒂勒1936年提出，作为与造山带相对应的地壳稳定地区，克拉通一词源于希腊语Kratos，意为强度。1921年柯柏称之为kratogen，1936年施蒂勒改称kraton，当时还划分出高克拉通和低克拉通，分别对应于大陆和大洋盆地，由于后来已证实大洋是活动的年轻地壳，今克拉通一词仅用于大陆地区。

地壳在自外而内冷却的过程中由于龟裂的产生形成了板块的雏形-原始板块，但实质上它并不是真正意义上的板块。这是地壳发展的必由阶段，是现代板块形成的基础。这些小型的花岗岩质陆块在运动中结合成面积较大的大陆板块，即通常所说的稳定陆块的核心——克拉通或古地盾区（图2-6）。

这时板块上的地层多分为两个部分，即高变质岩区和低变质岩区。高变质岩区主要为变质岩程度较深的麻粒岩到角闪岩，低变质岩区以花岗-绿岩带和变质程度较低的片岩等组成。这两种岩石组合中的侵入岩主要由英云闪长岩、奥长花岗岩及花岗闪长岩组成，称为TTG岩套，这构成了太古宙基底的主体，也是地球上最古老的低密度陆壳，直接漂浮于地幔之上。

太古宙的构造运动目前研究得还不够清楚，世界范围内可能有3期主要的构造运动。早期的发现较少，如非洲南部，终止于34亿年（或35亿年）前，而北美则终止于33亿～35亿年前，在印度则可能为32亿年前；中期是相当于非洲中南部的达荷美运动，在美国、澳大利亚、印度和中国（迁西运动）等地均有表现，大约终止于29亿年前；晚期相当于在加拿大地盾中表现明显的

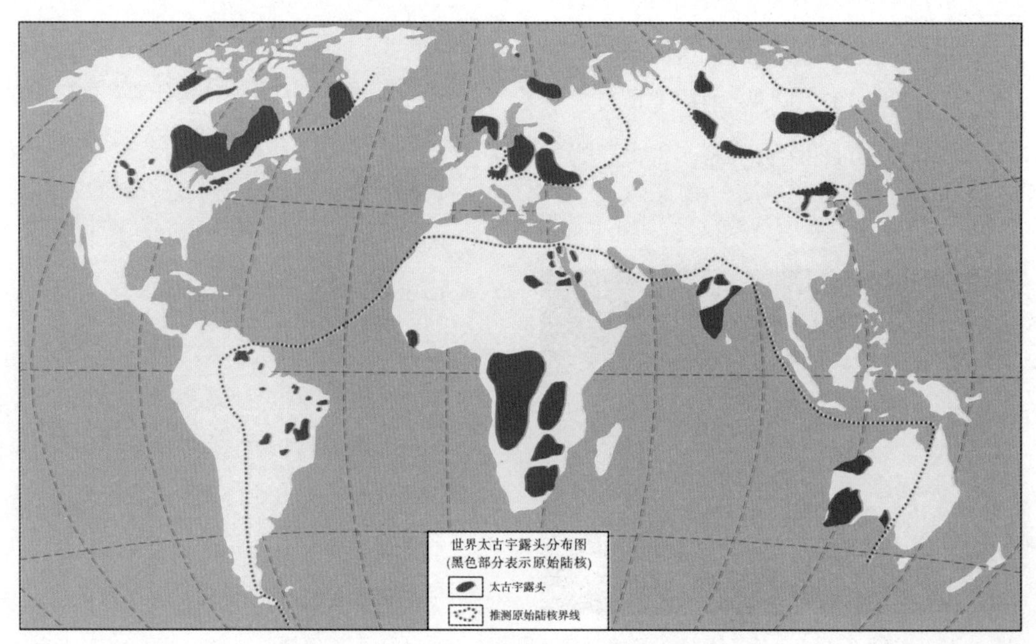

图2-6　全球太古宙地层露头分布图，即原始板块雏形

——地学知识窗——

地　盾

地质学名词，构造地貌的术语，是大陆地壳上相对稳定的区域，造山活动、断层以及其他地质活动都很少，通常是大陆板块的核心。著名的地盾有北美洲的加拿大地盾、南美洲的圭亚那地盾、欧洲的波罗的地盾、非洲的西埃塞俄比亚地盾、大洋洲的西澳大利亚地盾、亚洲的淮阳地盾、华北陆块、华南陆块；阿拉伯－努比亚地盾、南极洲地盾和西伯利亚地盾。

肯诺雷运动，是在距今27亿～25亿年之间（见全球构造运动一览表）。

根据目前对超大陆的认识，在太古宙时期可能存在多个超大陆。最早的一个理论上曾经存在的超大陆是瓦巴拉大陆，自36亿年前开始，于31亿年前成形，28亿年前分裂；之后的史前超大陆是乌尔大陆，存在于30亿年前；再往后为凯诺兰大陆，存在于约27亿～21亿年前。但目前这些超大陆的地质记录十分罕见，对其的研究正在进行。

生命的形成

生命起源是一个亘古未解之谜，地球上的生命产生于何时何地？是怎样产生的？千百年来，人们在破解这一谜底之中遇到了不少陷阱，同时也见到了前所未有的光明（图2–7）。

地质科学是用保存在岩石中的化石来回答的。迄今为止所发现的最古老的生物化石来自澳大利亚西部距今约35亿年前的岩石中。这些化石类似于现在的蓝藻，它们是一些原始的生命，是肉眼看不见的。它的大小只有几微米到几十微米。另外，在格陵兰38.5亿年前的岩石中发现了

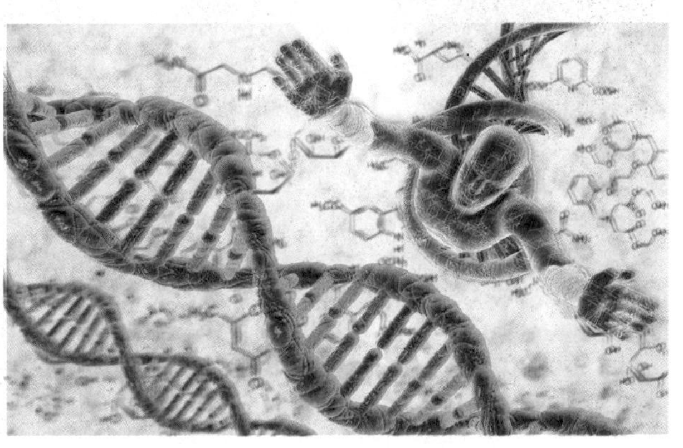

图 2–7　生命的起源

碳，科学家根据碳的同位素分析，推测这些碳是有机碳，来源于生物体。也就是说，可将生命起源的时间推到距今40亿年到38亿年之间。

关于生命的起源已有了众多说法，在长期的探索中人们形成两种倾向性认识：

一种认为生命起源于地球自身的演化过程，即某些适宜的浅海环境中，生命元素如C、H、O、N等在强烈的宇宙射线、雷电轰击下首先形成简单有机分子，后发展为复杂的有机分子（蛋白质和核酸），再形成准生命的凝聚体，进而由凝聚体进化成一些形态简单的无真正细胞核的细菌和蓝藻（图2-8）。

——地学知识窗——

迁西运动

该运动是中太古代末发生于中国北方的一次构造运动及构造运动热事件，因河北迁西得名，在内蒙古也称兴和运动。在冀东表现为迁西群遭受强烈的变形、变质作用和岩浆事件；在华北及东北南部各太古宙麻粒岩－片麻岩区具有广泛性和一定代表性，属于一次主要的构造运动。它的活动时期又称为迁西期，是今中国及周边地区的第一个构造期，是古陆块形成和陆壳克拉通化的时期。由于年代过于久远，目前的研究还极不充分，为迄今中国境内已确定的最早的构造运动。

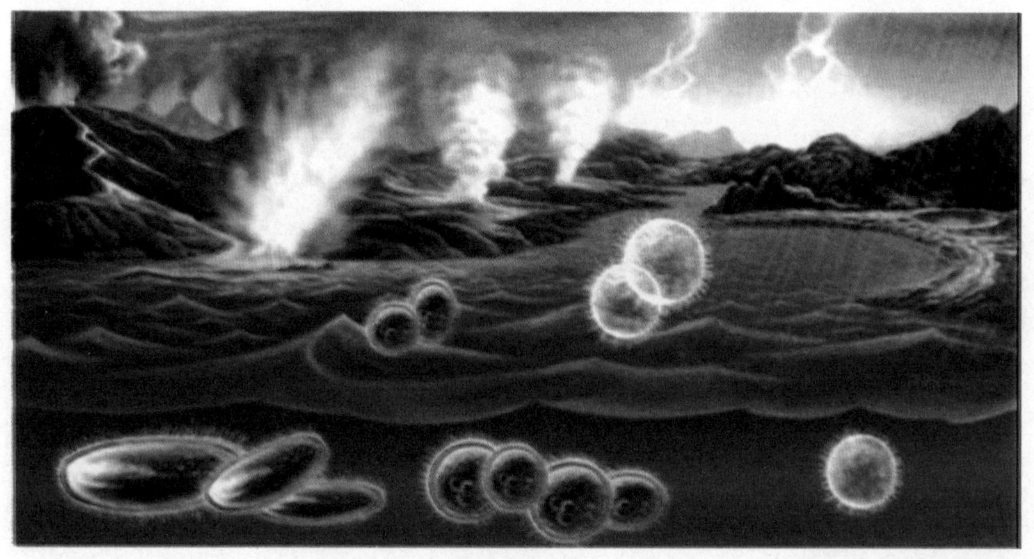

图2-8　早期地球强烈的宇宙射线、雷电和火山为生命的诞生提供了条件

另一种观点认为地球的生命起源于其他星体，某些微生物的孢子可以附着在星际尘埃颗粒上而到达地球，从而使地球具有了初始的生命，但目前尚无可靠证据证明陨石、彗星或其他星体中已经存在生命（图2–9）。

太古宙是原始生命出现及生物演化的初级阶段，当时只有数量不多的原核生物，如细菌和低等蓝藻，它们只留下了极少的化石记录。在距今约33亿年前，形成了地球上最古老的沉积岩，大气圈中已含有一定的二氧化碳，并出现了最早的、与生物活动相关的叠层石；到31亿年前，地球上开始出现比较原始的藻类和细菌；在29亿年前，地球上出现了大量蓝、绿藻形成叠层石（图2–10）。

图 2–9　另一种观点认为地球的生命起源于其他星体

图 2–10　大量藻类形成的叠层石

太古宙的中国和山东

就目前所知，中国太古宙地层主要分布在昆仑山-秦岭-大别山一线以北的华北地区和塔里木地区，其中华北北部及中部发育较好；华南目前尚未发现太古宙地层（图2-11）。

中国有少数年龄大于30亿年的古老岩石，已知最古老的岩石是产于迁安市曹庄-黄柏峪附近的斜长角闪岩，其年龄约为35亿年，并发现了更老的始太古代时期的碎屑锆石。在此基础上，中太古代岩石

——地学知识窗——

泰山岩群

该岩群为广泛出露于山东泰山及沂蒙山区中的新太古代深变质岩系，自下而上分为孟家屯组、雁翎关组、山草峪组和柳杭组，主要由斜长角闪岩、黑云变粒岩为主夹角闪变粒岩、透闪阳起片岩、变质砾岩和石榴石英等。它是山东省古老基底的代表，我们平时所称的泰山石多为此套岩性。

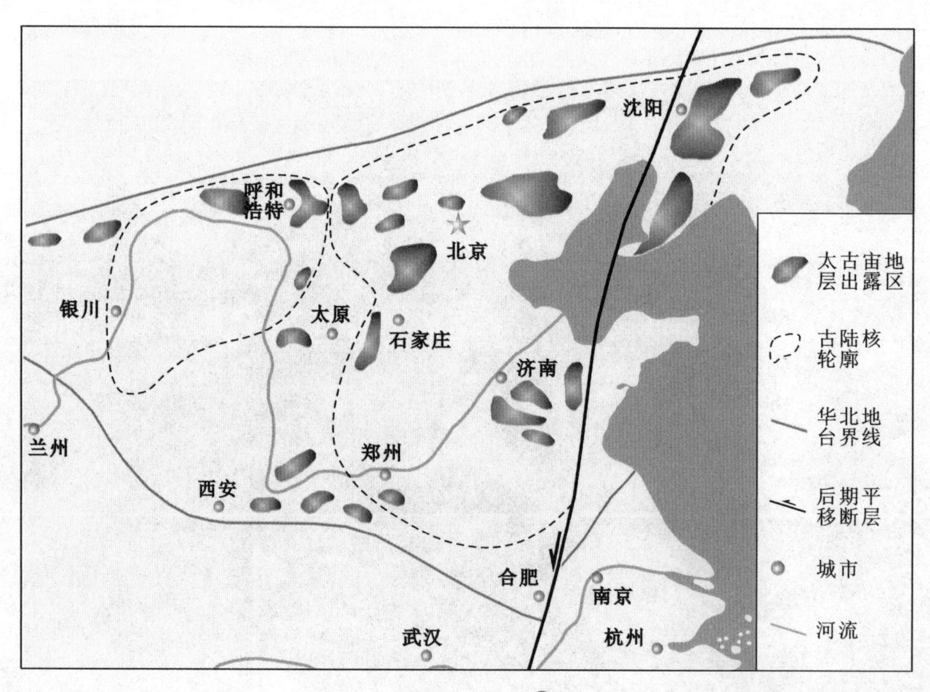

图2-11 中国太古宙地层的主要分布

分布区进一步扩展，主要分布在辽吉地区、燕山山脉、冀西及鲁中、胶东地区，年龄多为29亿～34亿年；到了新太古代，其地层发育占出露面积的85%左右，可以分为以五台-太行山为代表的沉积变质型和以泰山群、鞍山群为代表的内生岩浆型两种类型。

在构造运动方面，中国北方太古宙晚期的阜平运动，是一次比较明显的构造运动，可能与北美的肯诺雷运动相当。另外在太行山区，还可见到地层之间的不整合，但只有局部性的意义。

山东太古宙时期的地质特点与构造格架同整个华北地区相似：

山东地区尚未发现始-古太古代时期地质记录。

中太古代时期地质体大都遭受了后期地质作用的改造，根据目前研究认为中太古代时期是山东初始陆壳形成的主要时期，在经历了长时间的火山沉积、岩浆侵入和碰撞变质后；山东地区形成了沂水和唐家庄2个古陆核，在此基础上形成了古老基底。

新太古代时期是重要的地壳增生时期，这期间山东地壳演化经历了两个阶段：新太古代早期为地壳拉张和洋盆形成阶段，洋盆主要分布在蒙阴一带，随着地幔物质的上涌形成了科马提岩和枕

——地学知识窗——

TTG岩石

该岩石在地质学上是指奥长花岗岩（Trondhjemite）、英云闪长岩（Tonalite）、花岗闪长岩（Granodiorite），这个系列的岩石在太古宙时期的成因有一定的地质意义。一般认为，TTG成分岩石的大量出现，代表了大陆地壳的生长事件，所以将它们合称TTG。对TTG岩石组合产出的构造背景还有不同的理解，目前主要有两种观点：一种观点认为TTG岩石是加厚地壳发生部分熔融产生，另一种观点则认为TTG岩石是俯冲板块发生部分熔融形成。

状玄武岩，地壳大幅横向增生；中晚期为洋盆消减及岛弧形成阶段，随着大量TTG花岗岩类的侵入，地壳发生了大幅垂向增生，晚期泰山地区形成第二次TTG花岗岩类侵入，并伴着一系列强烈的变质变形作用，山东陆块在这个时期完成了基底的第一次克拉通化（图2-12）。

图 2-12　经历了强烈变质变形的泰山岩群成为山东古老基底的代表

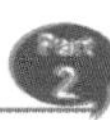

漫长的元古宙（25亿~5.42亿年前）

元古宙（Proterozoic Eon）一般指距今约25亿年到约5.42亿年前这一段地质时期。这一时期形成的地层称元古宇，位于太古宇之上，古生界之下。元古宙原名元古代，是1887年由S.F.埃蒙斯命名的。Proterozoic属希腊字源，意为早期原始生命。一般把元古宙分为古元古、中元古和新元古3个代。

由于太古宙形成的陆核在元古宙时期继续增生，进一步成熟并复杂化。从这一时期全球各主要原始陆壳板块已初具规模，至新元古代晚期一批大型稳定的刚性板块已最终形成。从沉积物上看，元古宙中期开始随着半稳定陆壳地块的增大，已能提供部分陆源碎屑，表明已有古陆的存在。

从大气圈和水圈整体特征看，元古宙和太古宙具有相似的缺氧大气成分和水介质性质。从中元古代开始出现含氧的大气圈和水圈，气候已具有分带现象。中晚元古代大量海相原生白云岩出现，表明大气圈中CO_2的比例已低于太古宙。

从生物演化上看，在19亿年前，随着大陆陆壳不断增厚，开始发育有盖层沉积，地球表面始终保持着一种十分有利于生命发展的环境，原始的原核生物已开始发育，中晚期真核生物出现并逐步繁盛，并且由蓝藻等生物形成的叠层石非常丰富，因此这个时代又被称为菌藻类的时代（图2–13）。元古宙晚期，盖层沉积继续

图2–13　元古宙中晚期由蓝藻形成的叠层石已十分丰富

增厚，火山活动大为减弱，并出现广泛的冰川，地球具有了明显的分带性气候环境，为生物发展的多样性提供了自然条件，著名的后生动物群——澳大利亚埃迪卡拉动物群就出现在这个时期。

大陆的裂解与聚合

根据目前的认识认为，在元古宙时期，地球上曾存在着三个不同的超大陆。

在太古宙凯诺兰大陆之后形成的第一个元古宙超大陆，称为哥伦比亚大陆，存在于中元古代的15亿~18亿年前，该大陆后来形成了劳伦大陆、波罗地大陆、乌克兰地盾、亚马孙克拉通、澳洲大陆，可能还包含西伯利亚大陆、华北陆块、喀拉哈里克拉通在内的许多原始克拉通。预测哥伦比亚大陆从北到南跨越12 900千米，从东到西最宽处为4 800千米。

之后的超大陆称为罗迪尼亚超级大陆，出现在大约12亿至7亿5000万年前，它的形成过程被称为格林维尔事件。

再之后的超大陆称为潘诺西亚大陆，是个理论上的超大陆，形成于6亿年前的泛非造山作用，它的形状类似V字形，开口往东北，开口内侧为泛非洋，海底有大洋中脊，是今日太平洋的前身；组合潘诺西亚的各大陆，是以错动方式聚合的（图2-14）。潘诺西亚大陆的存在时间很短，在5.4亿年前，其分裂成四个大陆：劳伦大陆、波罗的大陆、西伯利亚大陆和冈瓦纳大陆，泛大洋随着潘诺西亚大陆的分裂而扩张（图2-15）。

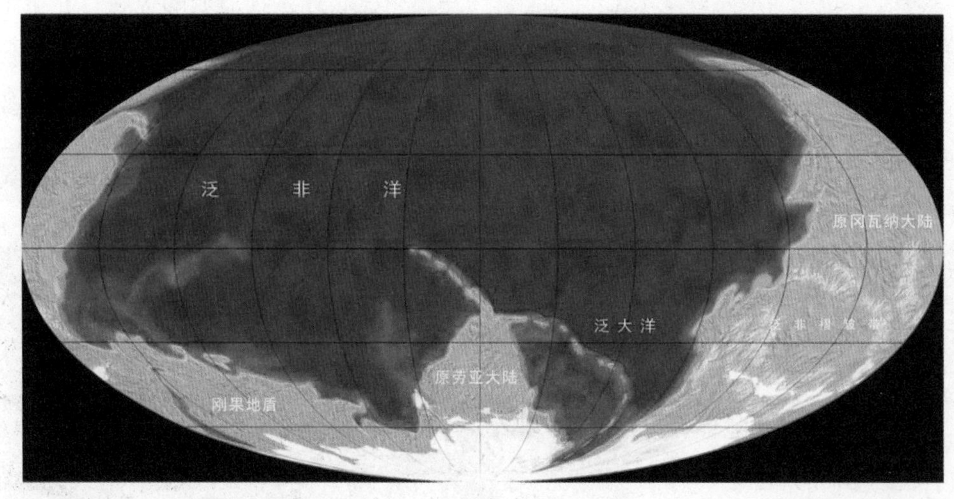

图2-14　6亿年前的地球-潘诺西亚大陆与泛非洋

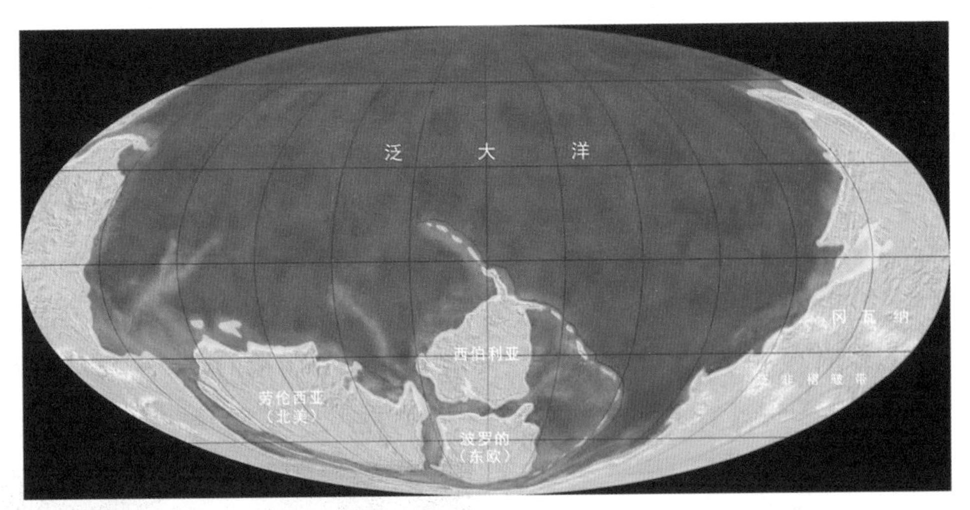

图2-15 5亿4千万年前潘诺西亚大陆开始裂解，分裂出劳伦大陆、波罗的大陆、西伯利亚大陆和冈瓦纳大陆，泛大洋开始扩张

生命的跃进

地球生命在诞生之初，没有可以参考的发展范例，所以，生命本身迸发出惊人的力量，不断地在错综复杂的环境中尝试着创新和自我修改。到了距今6.8亿~6亿年前的元古宙后期时，一大群软体躯的多细胞无脊椎动物终于发展到高峰，这就是埃迪卡拉动物群。该动物群化石产于澳大利亚南部埃迪卡拉山前寒武纪末期的石英岩中，其特点是动物体增大，门类增多，结构变得复杂，生活方式多种多样（图2-16）。经过系统研究发现，这个低等无脊椎动物群包含3个门，22个

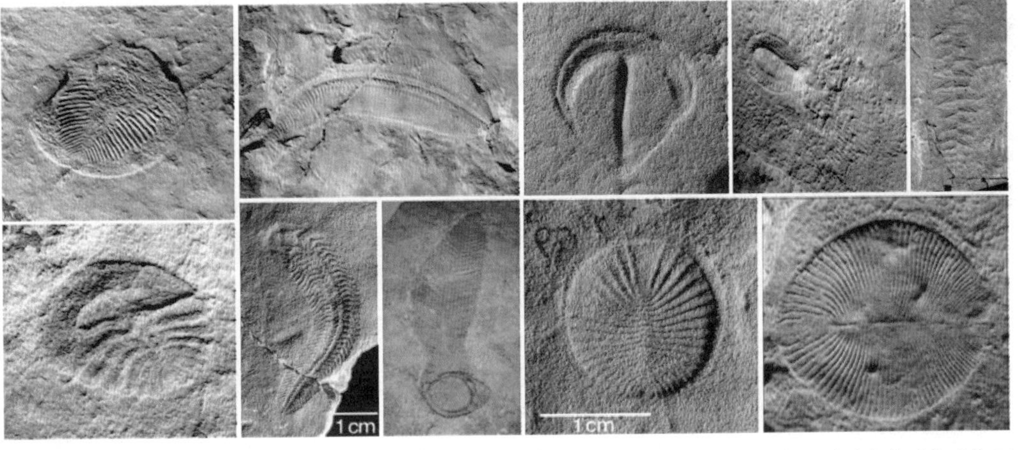

图2-16 发现的各种各样的埃迪卡拉动物群化石

属，31个种；而且，该动物群化石在世界各地广泛分布，表明当时该动物群是海洋中的统治者。

埃迪卡拉动物群的发现，初步解开了寒武纪初期突然大量出现各门无脊椎动物的所谓“进化大爆炸”之谜。它的发现标志着原始的生命形态在经过30亿年的准备之后，其积累的生命能量和无穷的创造力即将喷薄而出，是生命的一次跃进，生命演化的历史翻开了全新的篇章（图2-17）。但是有证据表明，约在5.42亿年前的元古宙最末期，即埃迪卡拉纪末期，存在一次生物群灭绝事件，该次事件造成疑源类生物的大型集体灭绝、埃迪卡拉生物群突然消失以及寒武纪大爆发之前的一段地球生命空白期。

图2-17　埃迪卡拉动物群生态复原图

“雪球地球”

“雪球地球”是地质史上的一个名词，是为了解释一些地质现象而提出的，指的是地球表面从两极到赤道全部被结成冰，地球被冰雪覆盖变成一个大雪球。

通过对前寒武纪全球冰川沉积物的磁性矿物研究表明，地球历史上曾出现过两次雪球地球事件，一次是在距今8亿到5.5亿年之间，在此之前的一次，发生在24.5亿~22.2亿年前（图2-18）。

图2-18　元古宙时期的“雪球地球”

经过计算，元古宙末期的全球冰盖有1公里厚，并推进到赤道附近，地球温度下降到零下50 ℃左右。由于被冰雪埋藏，光合作用和大陆的硅酸岩风化作用都被终止，但是地球的火山活动还在继续，向外释放了大量的CO_2，经过长达1000万年的积累，这些CO_2终于足够强大，形成“温室效应”，从而迅速融化了“雪球地球”冰盖。

图2-19 "雪球地球"极端的气候环境中也有生命（纤毛虫）的幸存

按照正常认识认为，在当时恶劣条件下，地球上几乎所有的生命都应灭绝。不过，科学家在澳大利亚发现了"雪球地球"时期仍然有生命存活于海洋之中的证据，并认为某些微生物形态的生命逃过了这场冰雪灾难（图2-19）。但不能否认的是"雪球地球"的极端气候环境变化也在一定程度上促进了生命的演化。

元古宙时期的中国和山东

中国元古宙的基本地史特征是在太古宙陆核基础上不断增生而逐渐形成了原始板块，并进而发展成华北板块、塔里木板块、扬子板块、西藏板块以及一些小型地块。

在古元古代，中国北方已经形成华北原地台，南方形成扬子原地台，西部则形成塔里木原地台，但各原始地块的稳定情况仍存在很大差异。

华北地区早在太古宙末，中国北部和辽宁南部已形成几个稳定陆核，经过吕梁运动褶皱变质固结，把陆核连接起来，形成较大规模的稳定地区——华北原地台。到新元古代初期，已经发展成为大规模的相对稳定的华北地台，也称中朝地台。中国西部的塔里木地区中新元古界分布广泛，沉积类型和发展史与中朝地台相似。中国南部元古宇地层广泛发育。

总之，中国元古宙时期的构造古地理轮廓被昆仑-秦岭古海洋消减带划分为两个部分。北方在古元古代末吕梁运动之后已经形成稳定的基底，从新元古代开始，已几乎全部固结，形成华北地台；而南方则在扬子原地台的两侧活动相当强烈。这种在同一时期北方相对稳定、南方相对活跃的特征，一直延续到古生代。

近年在我国三峡首次发现了典型的“埃迪卡拉生物群”，填补了我国元古宙生物界的空白。

这个时期的山东也发生着巨大的变化。古元古代时期，鲁西陆壳经历了一个完整的碰撞-伸展裂解的演化过程，完成了山东陆块基底的第二次克拉通化，而此时的鲁东地区与鲁西相比有显著的差异，主要特点是出现大量滨、浅海的复理石沉积和成熟度较高的滨海碎屑沉积。中元古代时期，发生了两次裂解事件，第一次发生在古、中元古代之交（18.4亿~17.2亿年前），鲁西造山作用结束后地壳伸展减薄，第二次发生在中元古代末期（12亿~10.5亿年前），形成了海阳地区岩浆杂岩和鲁西的岩墙群。新元古代的地质事件是与罗迪尼亚超大陆聚合有关的陆-陆碰撞作用，形成了一系列规模巨大的岩浆岩活动带等。

——地学知识窗——

吕梁运动

该运动是指古元古代（2500 Ma~1800 Ma）期间的构造运动，因为吕梁运动在山西吕梁山的表现最典型，故而得名。与此同时，山西五台山地区也有比较强烈的构造运动，学界称之为滹沱运动，所以也有不少人把吕梁期称为滹沱期。吕梁运动也称中条运动（晋南）、兴东运动（黑龙江）、凤阳运动（安徽）和中岳运动（河南）等。

——地学知识窗——

晋宁运动

该运动是新元古代中期（南华纪）与新元古代早期（青白口纪）之间的褶皱构造运动，形成广泛的区域角度不整合。晋宁运动形成了扬子地台和塔里木地台基底，是中国地质历史上一次重要的地壳运动。

复理石建造

复理石（flysch）是一种特殊的海相沉积，一种由半深海、深海相沉积所构成的韵律层系，单层薄，而累积厚度大，由频繁互层的、侧向上稳定的海相岩层和（或）较粗的其他沉积岩和页岩层组成，岩石类型单一，主要为砂岩和黏土岩，其次为灰岩，砾岩少见，象形印痕，波痕发育，化石罕见（图 2-20）。

图2-20　复理石

Part 3

早古生代纵览

（5.42 亿~4.16 亿年前）

早古生代，开始于5.42亿年前，结束于4.16亿年前，包括寒武纪、奥陶纪和志留纪，代表显生宙的早期阶段。早古生代开始发生广泛的海侵，海生无脊椎动物大量出现；原始的脊椎动物淡水无颌类已相当繁盛，植物已由早期的藻类发展到陆生裸蕨类，实现了从海生到陆生的飞跃。早古生代末期强烈的加里东运动，对全球的地质和生物演化产生了巨大影响：古大西洋关闭，北美板块与俄罗斯板块对接，形成劳亚大陆。

“寒武纪”由薛知微于1835年创用，当时泛指泥盆系老红砂岩之下的整个下古生界。“寒武”源自英国威尔士的古拉丁文“Cambria”日文音译，由我国沿用。1936年赛德维克在英国西部的威尔士一带进行研究，在罗马人统治的时代，将北威尔士山称寒武山，因此就将北威尔士山岩石形成的这个时期称为寒武纪，开始于5.42亿年前，结束于4.85亿年前。

“奥陶纪”（Ordovices）是早古生代的第二个纪，开始于距今4.85亿年前，结束于4.43亿年前。“奥陶”一词由英国地质学家拉普沃思于1879年提出，代表出露于英国阿雷尼格山脉向东穿过北威尔士的岩层，位于寒武系与志留系岩层之间。因该地区是古奥陶部族的居住地，故得名。奥陶纪的命名于1960年在哥本哈根召开的第21届国际地质大会上正式通过。其中文名称源自旧时日本使用日语汉字音读的音译名“奥陶纪”。

志留纪（Silurian）是早古生代的最后一个纪，开始于距今4.43亿年前，结束于4.16亿年前。“志留”来自东南威尔士的古部落Silures名称，也是日文片假名音译，由我国沿用。

海陆大变迁

前寒武纪，也就是前古生代，地球上出现不少古陆，但多为一些地槽海所分隔，至早古生代时，地球仍然是汪洋泽土，海洋占有绝对优势（图3–1）。

早古生代初期全球存在着五个分离的古大陆，分别是北美、欧洲、西伯利

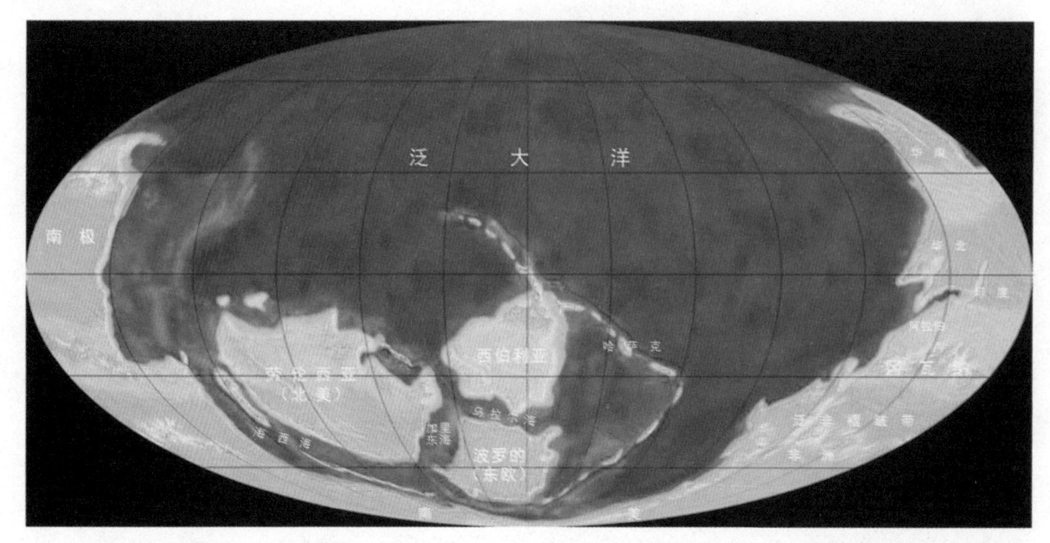

图3-1 寒武纪早期全球海陆分布图

亚、中国和冈瓦纳古大陆，现在处于北半球的这四个大陆在早古生代期间位于中低纬度区，彼此被大洋分隔而呈分离状态，而南方的冈瓦纳大陆当时是一个整体，经历了自中低纬度向南半球高纬度的漂移。

寒武纪时，许多大陆都被浅海所淹没，冈瓦纳大陆则在南极附近形成。之前形成的潘诺西亚超级大陆此时开始四分五裂，一个新的海洋在劳伦西亚、波罗的和西伯利亚这几个古大陆之间扩张。冈瓦纳古大陆成为当时最大的大陆，它的范围可以从赤道延伸到南极（图3-2）。

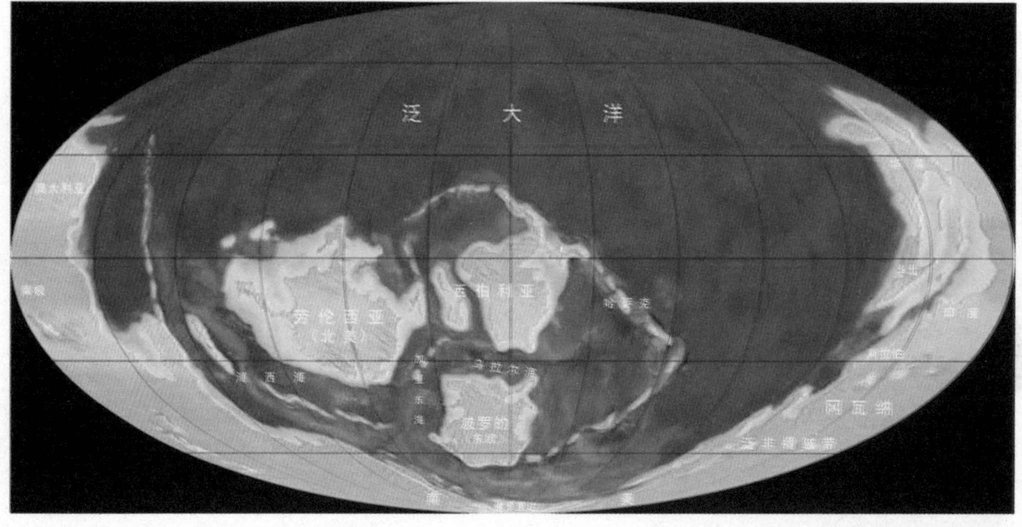

图3-2 寒武纪后期全球海陆分布图

奥陶纪是地史上大陆地区遭受广泛海侵、地壳运动剧烈的时代，也是气候分异、冰川发育的时代。在奥陶纪后期，各大陆上不少地区发生重要的构造活动，使得这些活动区的部分地区褶皱成为山系，从而在一定程度上改变了地壳构造和古地理轮廓，当时各大陆之间的相对位置都曾发生过重要的改变，古南极在现今的撒哈拉沙漠以南，古北极位于南太平洋，古赤道恰好穿过西伯利亚中西部和中亚一带，经加拿大西部向南太平洋岸南下（图3–3）。奥陶纪早、中期气候温暖、海侵广泛；晚期南大陆的西部发生了大规模的大陆冰盖和冰海沉积。

志留纪时期全球最大的陆块仍是冈瓦纳地块，集中在南半球的高纬度区，其他地块则分布在当时的中、低纬度区，特

——地学知识窗——

加里东运动

该运动以英国苏格兰的加里东山命名，是古生代早期地壳运动的总称，泛指早古生代志留纪与泥盆纪之间发生的地壳运动，是主造山幕，在我国以广西运动和祁连运动为代表。这次运动使得志留系及更早地层被强烈褶皱，与上覆泥盆系呈明显的不整合接触，形成从爱尔兰、苏格兰延伸到斯堪的纳维亚半岛的加里东造山带，贝加尔湖沿岸诸山、东萨彦岭、西萨彦岭以及我国的祁连山造山带都是这一阶段形成的。

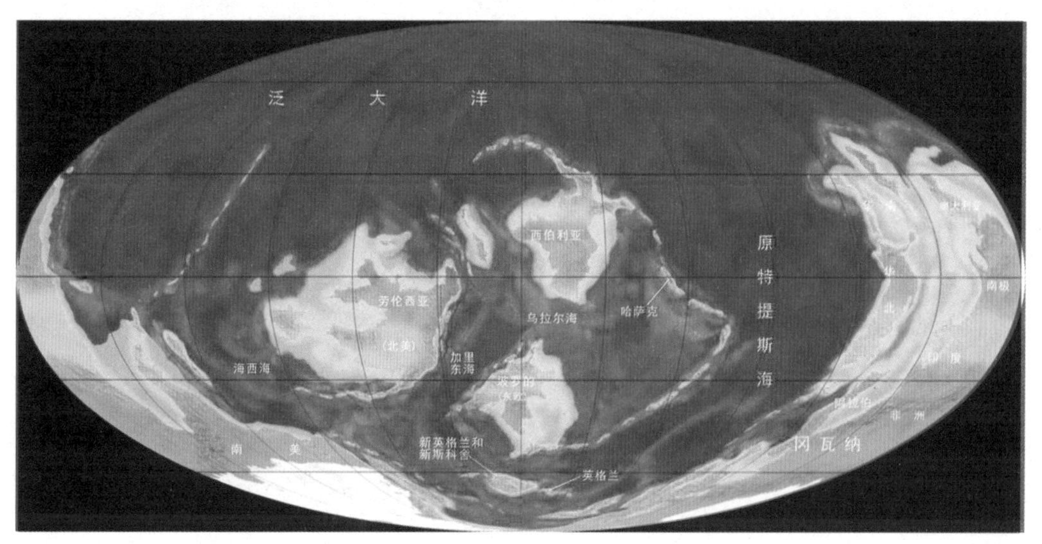

图3–3 奥陶纪中期全球海陆分布图

别是低纬度区；介于劳伦和欧洲两大板块之间的初始海洋为古大西洋，当时的西伯利亚板块与现今的地理方位几乎转了180°（图3-4）。志留纪末期，全球发生了一系列褶皱、造山运动，我们统称为加里东运动。受其影响，古大西洋关闭，使北美板块与俄罗斯板块碰撞对接，形成“劳亚大陆”；中国西部柴达木板块与中朝板块拼合，古祁连海褶皱关闭；陆地面积进一步扩大，古老地台更趋向于稳定。

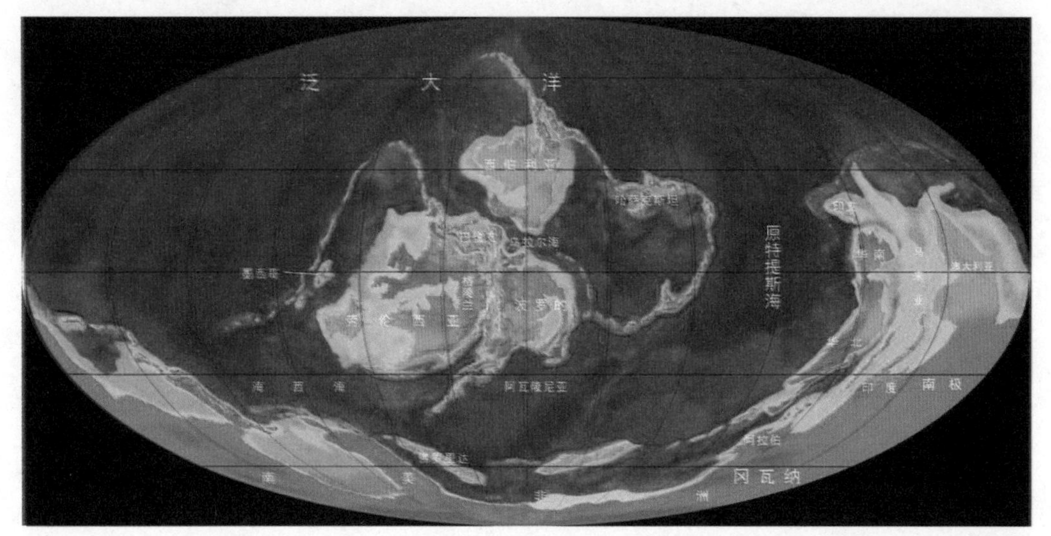

图3-4 志留纪全球海陆分布图

寒武纪生命大爆发

虽然地球生命的雏形可追溯到40亿年前，但至少有35亿年时间都消磨在了单细胞这样的低等生命上，自5.42亿年前寒武纪开始后的2000多万年的时间内，几乎是“同时地”“突然地”“短时间地”出现了各种各样的动物，它们不约而同地迅速起源、立即出现，节肢、腕足、蠕形、海绵、脊索动物等等一系列与现代动物形态基本相同的动物在地球上来了个“集体亮相”，形成了多种门类动物同时存在的繁荣景象，如同达尔文在完成《物种起源》时所认为的那样，在寒武纪地层中突然出现许多动物化石记录，而在此前的岩层中却没有找到明显的祖先的痕迹。这一现象被古生物学家和地质学家称为“寒武纪生命大爆发”。这也是显生宙的开始，标志着地球生物演化史新一幕的开始（图3-5）。

“寒武纪生命大爆发”是生命演化史上的重大事件，又被称为古生物学上的一大悬案，自达尔文以来就一直困扰着进化论等学术界，并有许多科学假说试图对此进行解析。100多年以来所取得的证据产生出解释寒武纪生命大爆发的两种基本观点：一种观点认为寒武纪生命大爆发是一种假象，另一种观点认为寒武纪生命大爆发代表了生物进化过程中的真实事件。当然还有其他的假说，但任何单一偶然机制，都不可能完全解释寒武纪生命大爆发。因此，早寒武世动物的迅速多样化，可能是生物因素和非生物过程之间复杂的相互作用的结果（图3-6）。

寒武纪生命大爆发作为地史上的一大悬案，一直为人们所关注，随着化石的不断发现及新理论的建立，这一谜团终将大白于天下。

图3-5 寒武纪生命大爆发

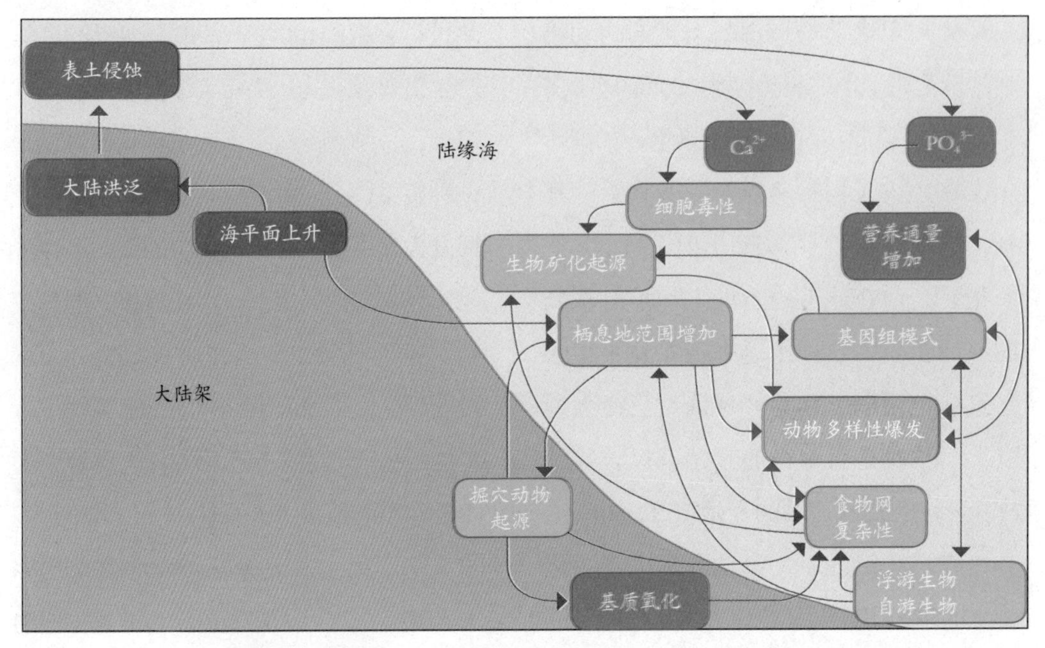

图3-6　寒武纪生命大爆发可能是生物因素和非生物过程之间复杂的相互作用的结果

多彩的生物界

早古生代开始发生了广泛的海侵，浅海陆棚扩大，海生无脊椎动物大量出现，多门类三叶虫、小壳动物、古杯类、软体动物等门类兴起，头足类和笔石相继出现；中期，笔石兴盛，珊瑚和鹦鹉螺大量出现，双壳类、腹足类以及属棘皮动物的海百合、海林檎类和海蕾开始增多；到晚期，单列型笔石特别多，珊瑚、腕足动物繁盛，节肢动物的板足鲎类开始出现，寒武纪时占优势的三叶虫此时已逐渐衰减。整个早古生代原始的脊椎动物淡水无颌类已相当繁盛，植物已由早期的藻类发展到陆生裸蕨类，实现了从海生到陆生的飞跃，这是生物演化史上的又一重大事件。

寒武纪的生物界以海生无脊椎动物和海生藻类为主（图3-7）。无脊椎动物的许多高级门类，如节肢动物、棘皮

图3-7 寒武纪海洋生态复原图

——地学知识窗——

三叶虫

是距今5.42亿年前的寒武纪就出现的最有代表性的无脊椎动物，约在4.3亿年前发展到高峰，至2.4亿年前的二叠纪完全灭绝，前后在地球上生存了约3.2亿年。在漫长的时间长河中，它们演化出繁多的种类，有的长达70 cm，有的只有2 mm。因其背甲的两条背沟纵向分为一个轴叶和两个肋叶，故名为三叶虫（图3-8）。三叶虫大多适应于浅海底栖爬行或以半游泳生活，还有一些在远洋中游泳或远洋中漂游。

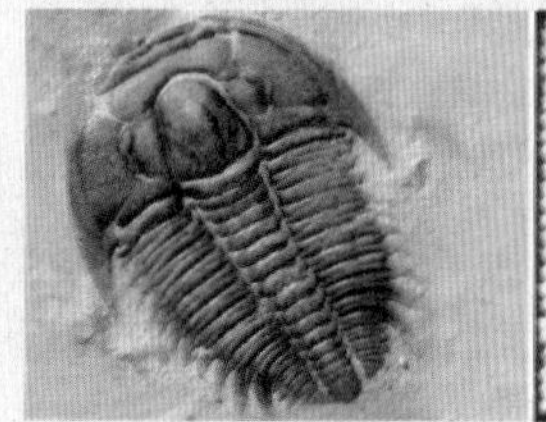

图3-8 三叶虫

动物、软体动物、腕足动物、笔石动物等都有了代表，这些生物形态奇特，与我们现在地球上所能看见的生物极不相同。其中，以节肢动物门中的三叶虫纲最为重要，约占总数的60%，故寒武纪又称为"三叶虫时代"；其次为腕足动物，约占30%；其他如古杯类、软舌螺类、牙形刺等约占10%。寒武纪还同时出现了海口鱼、皮开虫等高等的脊索动物（图3-9）。

奥陶纪时期气候温和，浅海广布，海生生物空前发展，笔石、三叶虫、腕足类、头足类最常见，其中头足类进入繁盛时期，而前寒武纪时非常繁盛的蓝藻类在奥陶纪时急剧衰落；节肢动物中的板足鲎类和脊椎动物中的无颌类等均已出现。植物界则与寒武纪相似，低等海生植物继续发展，据推测淡水植物可能在奥陶纪也已经出现。在奥陶纪早期，首次出现了陆生脊椎动物——淡水无颚鱼；

图3-9　寒武纪海洋生物代表（奇虾、怪诞虫、三叶虫、皮开虫等）

奥陶纪中期，在北美落基山脉地区出现了原始脊椎动物异甲鱼类。这一时期仍然没有任何动物种类生活在陆地上（图3-10）。

图3-10 奥陶纪时期海洋中的菊石和原始脊椎动物淡水无颌鱼、星甲鱼

志留纪的生物面貌与奥陶纪相比，有了进一步的发展和变化。海生无脊椎动物在志留纪时仍占重要地位，但其组成有所

——地学知识窗——

生物集群灭绝

是指在一个相对短暂的地质时段中，在一个以上地理区域范围内，数量众多的生物突然消亡，从而造成生物物种数短时间内突然下降。根据化石记录，地质历史上曾发生过5次大的生物集群灭绝事件，即奥陶纪末期、泥盆纪末期、二叠纪末期、三叠纪末期和白垩纪末期的生物大规模绝灭。其中，白垩纪绝灭事件最受关注。二叠纪生物绝灭事件是规模最大、涉及生物类群最多、影响最为深远的一次。造成生物集群灭绝的原因很多，如地外星体撞击地球、火山活动、气候变冷或变暖、海进或海退和缺氧等。但同时，灾变引起的环境变化也给新物种的诞生创造了条件和机遇，因此每次全球性的灭绝事件后，都会伴随着生物的复苏和发展。

变化，三叶虫、头足类的衰减，介形类和牙形类的兴起与发展成为该纪的一个特色，笔石尤其是单笔石极盛，因此志留纪又称为“笔石的时代”；海蝎在晚志留世海洋中广泛分布。脊椎动物中，有颌类的盾皮鱼类和棘鱼类出现，这在脊椎动物的演化上是一重大事件，鱼类开始征服水域，为泥盆纪时的鱼类大发展创造了条件。志留纪末期，随着陆地面积的扩大，陆生植物中的裸蕨植物首次出现，植物终于从水中开始向陆地发展，这是生物演化的又一重大事件（图3-11）。

图3-11　志留纪海洋中的笔石、盾皮鱼、棘鱼类和陆地上首次出现的裸蕨植物

多灾的生物界之“奥陶纪物种大灭绝”

在距今 4.4 亿年前的奥陶纪末期，发生了地球史上第一次物种灭绝事件。根据研究发现，这次灭绝事件由前、后两幕组成，其间相隔 50 万 ~100 万年。第一幕是生活在温暖浅海或较深海域的许多生物都灭绝了，灭绝的属占当时属总数的 60%~70%，灭绝种数更高达 80%；第二幕是那些在第一幕灭绝事件中幸存的较冷水域的生物又遭到灭顶之灾，如腕足类属的灭绝率为 60%，种的灭绝率达 85%。三叶虫类在这次灭绝中元气大伤，此后再也无法恢复前期的繁荣。

至于灭绝事件的原因众说纷纭，归纳起来大致有以下几种：一些人认为气候变化及其相关事件是造成这两幕生物灭绝的主要原因；一些人认为当时可能有一颗天体撞击了地球；另有一种更受垂青的说法认为，距离地球 6000 光年的一颗衰老恒星发生爆炸，释放出伽马射线击中了地球，摧毁了地球 30% 的臭氧层，导致紫外线长驱直入，浮游生物因此大量死亡，食物链的基础被摧毁，同时，被伽马射线打乱的空气分子重新组合成带有毒性的气体造成（图 3–12）。

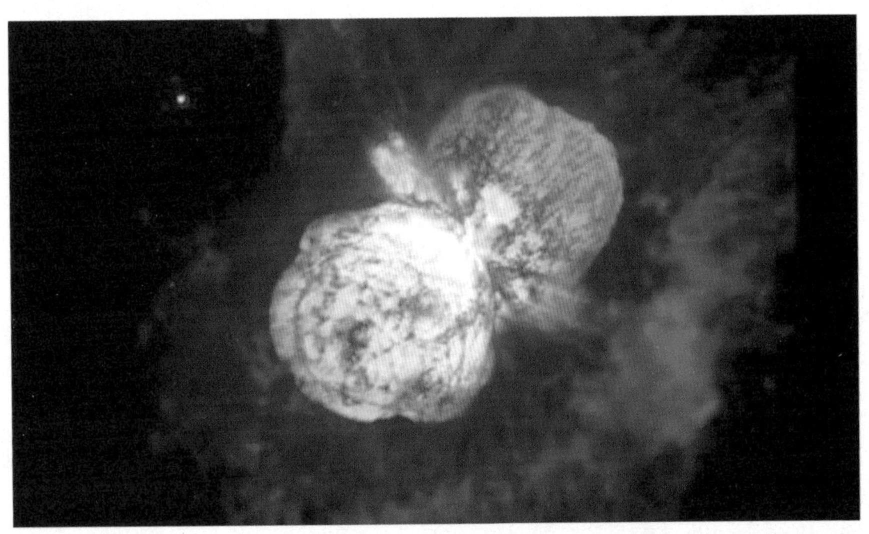

图 3–12　古老恒星爆炸灭绝地球生物假说

早古生代的中国和山东

早古生代时的中国，分散着几大陆块，它们之间的发展状况不尽相同。华北地台在寒武、奥陶纪经历了广泛海侵；奥陶纪中晚期，华北地台整体上升，缺失了包括志留纪、泥盆纪及早石炭世的沉积记录；塔里木陆块在寒武纪、奥陶纪以正常浅海为主，到志留纪，板块西部及北部边缘也均上升隆起，形成了祁连山褶皱带。华南板块在整个早古生代表现为陆表海、边缘海及岛弧海的大陆边缘的完整连续变化。其他构成板块在中国仅出露一小部分，它们的发展也存在各自特点。志留纪末期是早古生代地壳运动最强烈的时期，此期在中国的广西运动或祁连运动使得祁连山及东南地槽升起成褶皱带。

早古生代，我国的生物界面貌与全球的生物界发展基本一致，最具代表性的就是澄江动物群，是被视为全球寒武纪生命爆发的代表之一。综合早古生代3个纪的动物群特征，大致可将我国的生物界分为3个生物地理区：天山–兴安区、喜马拉雅区和古地中海区。

在这个时期，山东是随着华北板块的变化而变化的。目前已有充分证据表明，山东在早古生代这个漫长的地质历史时期，基本上漂移于赤道两侧低纬度气候带内，即在热带–亚热带气候带、飓风活跃区内漂移，总体属于华北板块陆表海盆地，以较稳定的海相沉积为主，沉积–构造古地理格局总趋势是东深西浅。

山东寒武纪最早期沉积基本沿沂沭断裂带分布，之后海水由南东向北西漫进，将鲁西古陆淹没并与华北海连成一体；寒武纪中期海侵范围扩大，海水主要由南东向北西、由北东向南西两个方向侵

——地学知识窗——

澄江动物群

发现于云南澄江帽天山西坡，距今5.2亿~5.25亿年，是“寒武纪生命大爆发”最典型的代表之一，被誉为“世界近代古生物研究史上所罕见”“20世纪最惊人的科学发现之一”，2012年7月1日被列入《世界遗产名录》。目前，共采集化石3万余块，有40个生物门类，共169属191种，涵盖了现代生物的各个门类；其中发现的海口鱼，被认为是生物演化链上的鼻祖（图3-13）。

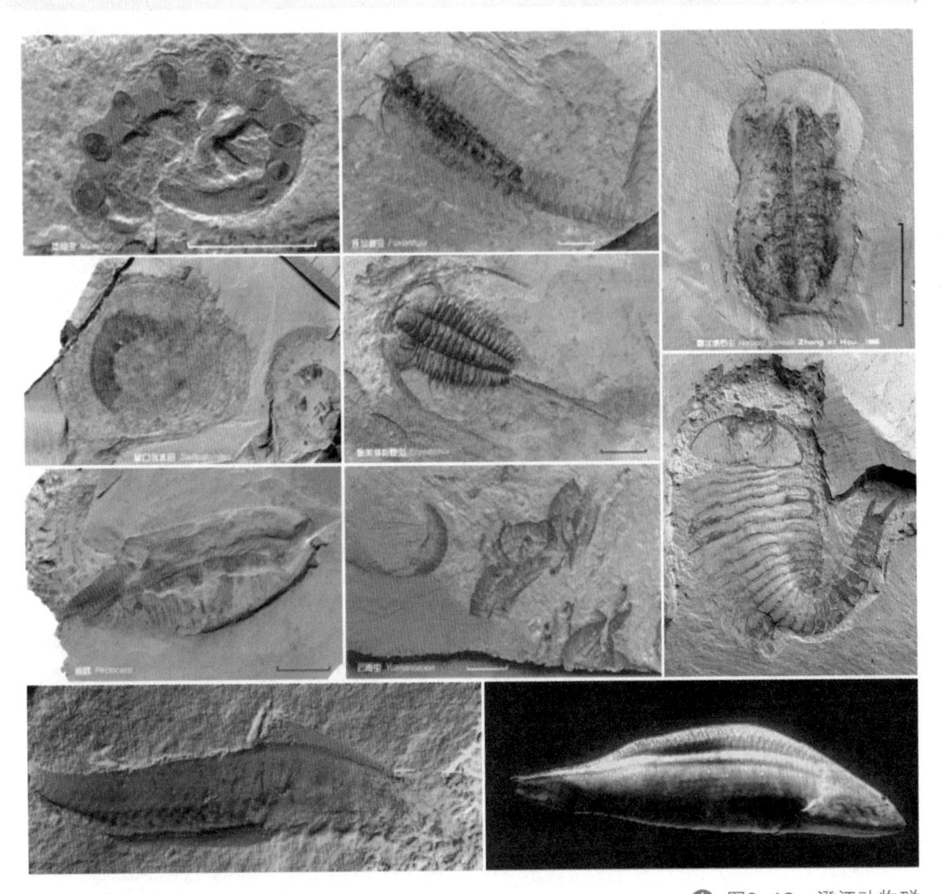

图3-13　澄江动物群

入，之后的整个寒武纪时期山东总体处于相对的深水区。在奥陶纪初期，其地理轮廓与之前基本一致，随后由于怀远运动的影响出现了一段时间的整体抬升成陆，并遭受了剥蚀；奥陶纪早中期再次出现沉降并遭受了海侵，随着海侵的发展，整个鲁西地区基本形成了局限的台地潟湖沉积。中奥陶世末期，山东随着整个华北地区的抬升而抬升，海水逐渐退出了山东，结束了早古生代的沉积演化（图3-14）。

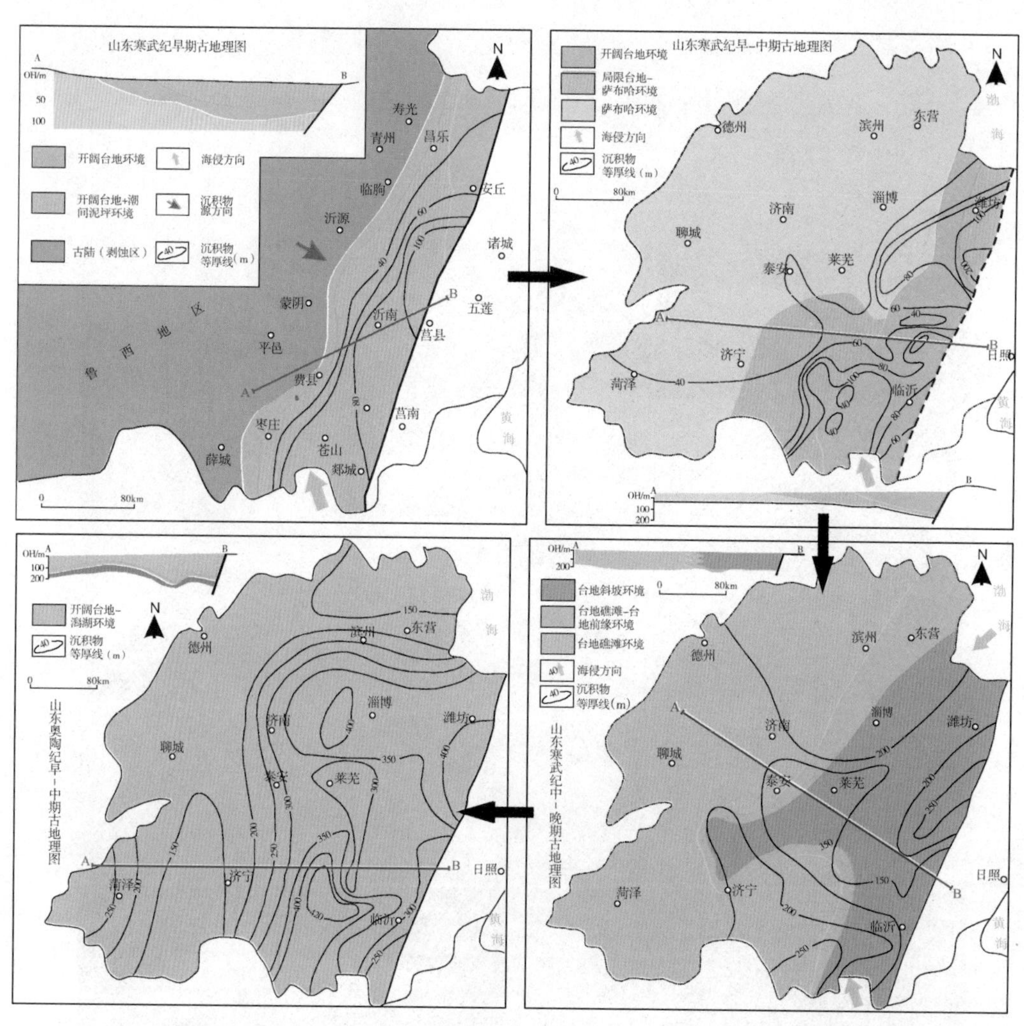

图3-14 早古生代时期山东古地理格局演化示意图

——地学知识窗——

沂沭断裂带

亦称“沂沭深大断裂带”，是我国地质结构中著名的“郯庐断裂带”的延伸，是广义的郯庐断裂带的一部分，因大致位于沂河与沭河之间而得名。整体位于郯庐断裂带主体的北端，与郯庐断裂带主体相连成一线，是一条延伸长、规模大、切割深、活动时间长的复杂断裂带。该断裂带是山东省区域地质的重要分界线，把山东分为地质上所说的鲁东、鲁西两大块。沂沭断裂带又由昌邑－大店、安丘－莒县、沂水－汤头、鄌郚－葛沟 4 条平行断裂组成（图 3-15）。

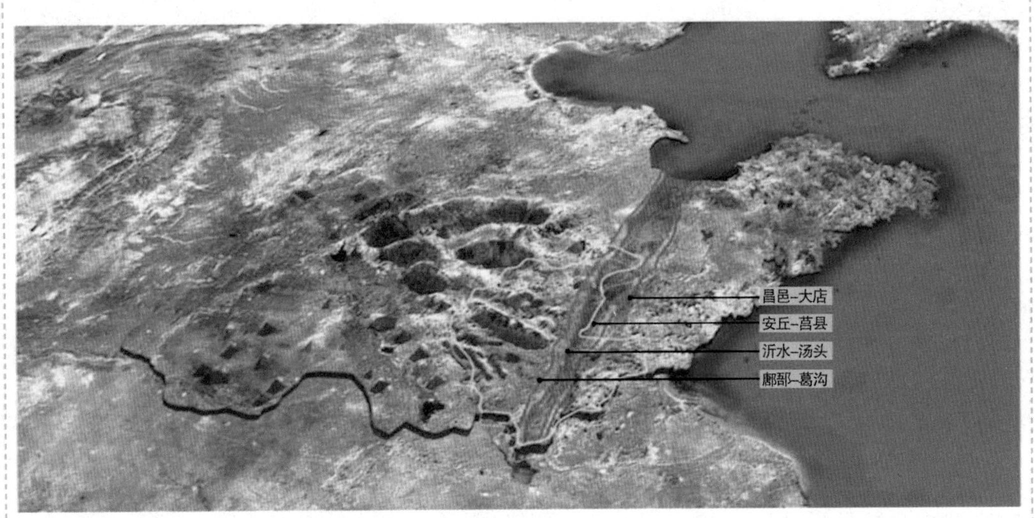

图3-15　沂沭断裂带

Part 4 晚古生代纵观

（4.16亿~2.52亿年前）

晚古生代开始于4.16亿年前，结束于2.52亿年前，包括泥盆纪、石炭纪和二叠纪。随着陆地面积的不断扩大，陆生生物开始出现和繁盛：鱼及无颌类广布于泥盆纪，两栖类全盛于石炭纪和二叠纪。植物界从水生发展到陆生，出现了裸蕨植物群；孢子植物达到繁盛并在二叠纪晚期出现裸子植物。海生无脊椎动物中出现了菊石、有孔虫和竹节石。泥盆纪末期和二叠纪末期发生了两次生物集群灭绝事件。随着海西运动的影响，联合大陆至晚古生代末期形成。

泥盆纪（Devounian），开始于4.16亿年前，是晚古生代的第一个纪。“泥盆”来自日语，是英国英格兰西南半岛上的一个郡名的日语音译（现称德文郡）。英国地质学家塞奇威克和默奇森研究了该郡的“老红砂岩”后，于1839年把这套砂岩形成的地质时代命名为泥盆纪。

石炭纪（Carboniferous），开始于3.59亿年前，是晚古生代的第二个纪。石炭纪是植物世界大繁盛的代表时期，由于这一时期形成的地层中含有丰富的煤炭，因而得名“石炭纪”。

二叠纪（Permian），开始于2.99亿年前，是古生代的最后一个纪。“二叠”是德文“Dyas”（二分层）的意译。1841年英国地质学家默奇森在俄国乌拉尔山西坡中段彼尔姆地区进行地质调查时，对当地的地层取名为“Permian”。

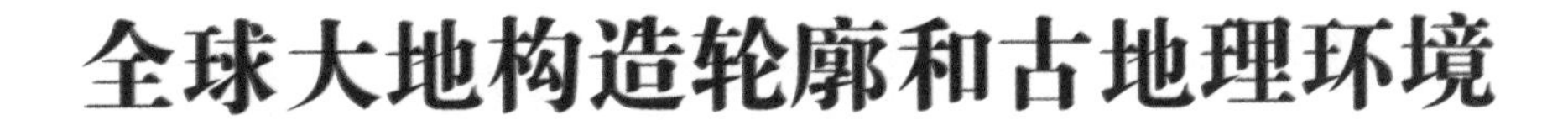

全球大地构造轮廓和古地理环境

受早古生代加里东运动影响，同时，从泥盆纪开始，地球又开始发生了海西运动。因此，泥盆纪时许多地区升起，露出海面成为陆地，古地理面貌与早古生代相比有了很大的变化。

泥盆纪主要是由冈瓦纳大陆、劳亚大陆及这一时期的古地中海和古太平洋组成的古地理基本格架（图4-1）。在

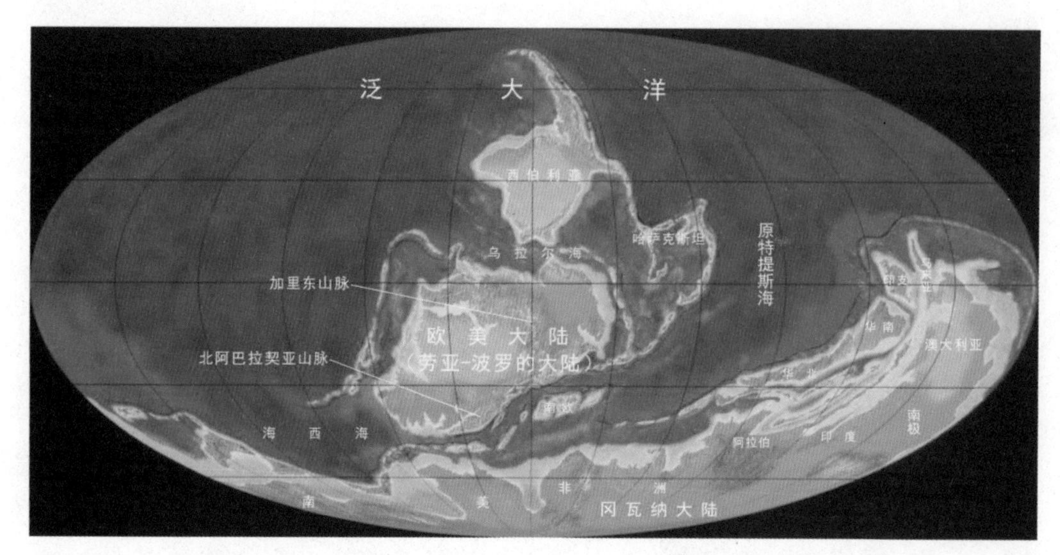

图4-1 泥盆纪中期全球海陆分布图

——地学知识窗——

海西运动

海西运动又称华力西运动，由德国海西山得名，是发生在欧洲晚古生代的造山运动，具有全球性，是晚古生代地壳运动的总称。经过历史演变，在中国其运动主幕是指石炭系和二叠系之间存在的广泛地壳运动，以天山运动为代表，天山－兴安造山带就是一个典型的海西造山带。同时，海西运动使西欧的海西地槽、北美东部的阿帕拉契亚地槽、欧亚交界的乌拉尔地槽、中亚哈萨克地槽等地槽褶皱回返形成巨大山系。海西运动的完成，标志着古生代的结束。

北方的劳亚大陆内各大陆之间并没有相连，它们之间仍然被广阔的海洋所分隔，其中，由劳伦古陆和波罗的古陆构成欧美联合大陆，其以东为一些分散的大型陆块或小型至微型陆地群组成（以西伯利亚、哈萨克斯坦、华北和华南古陆较大），北美板块与俄罗斯板块已经连成一片大陆；劳亚大陆的位置接近赤道附近和北半球中纬度带，西伯利亚则处于高纬度带，当时的极点大约位于非洲南部一带。南方的冈瓦纳古陆是最完整、最大的古陆，包括已知大陆壳的一半以上，

虽然各大陆的位置互相间靠得更近，但还没有形成统一的整体（图4-2）。

石炭纪是地壳运动非常活跃的时期，因而古地理的面貌有着极大的变化，各大陆之间逐渐连接起来（图4-3）。这个时期气候分异十分明显，北方古大陆为温暖潮湿的聚煤区，冈瓦纳大陆却出现了一次规模较大的冰期事件，大陆冰盖的中心大体接近古南极位置。当时地球上首次出现大规模森林，不但广布于滨海低地，

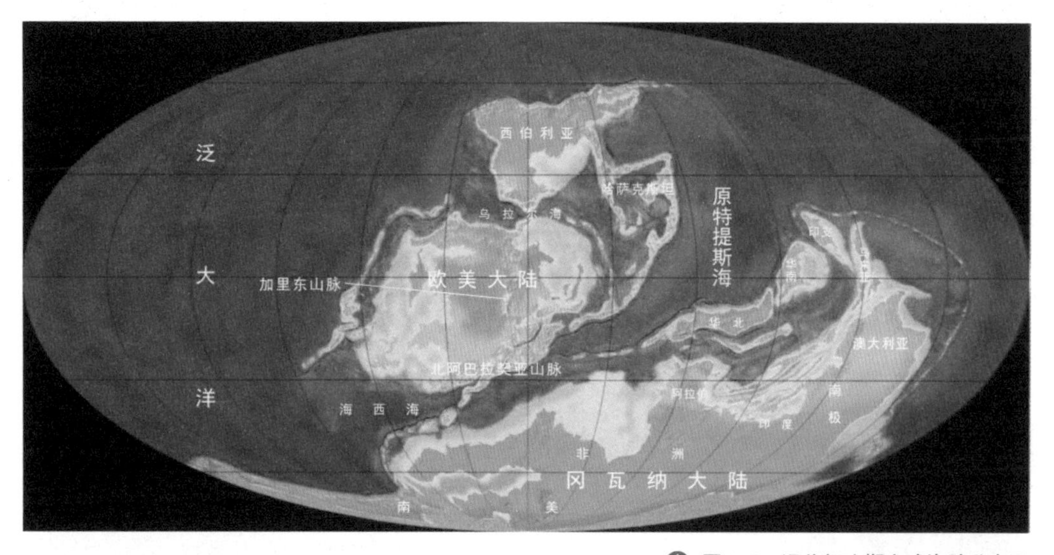

图4-2 泥盆纪晚期全球海陆分布图

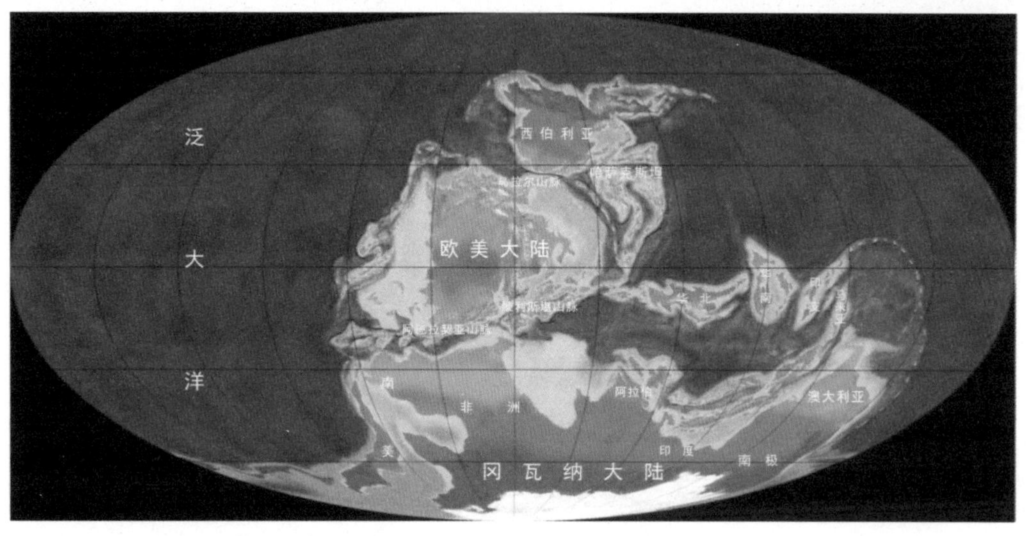

图4-3 石炭纪早期全球海陆分布图

同时也延伸至大陆内部（图4-4）。

二叠纪是地壳运动较为活跃的时期，归属于海西造山运动晚期，全球范围内形成了一系列褶皱山系，并伴随有强烈的变质、火山活动（图4-5）。

随着这些地壳活动的进行，到了晚期，北方劳亚大陆和南方的冈瓦纳大陆相互联合在一起，地球上出现了一个互相联结而又南北对峙的统一大陆——联合古大陆，或称潘加亚泛大陆，标志着海西构造

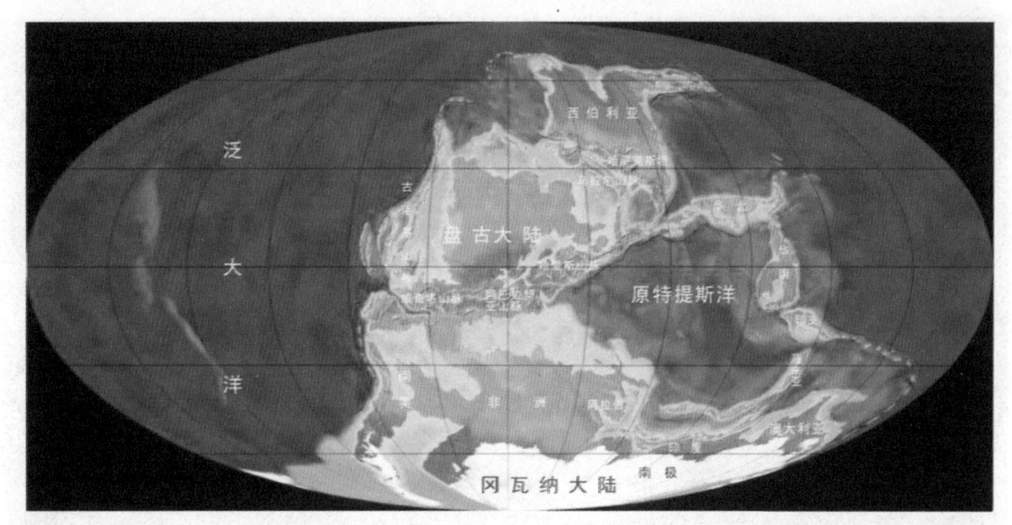

图4-4 石炭纪晚期全球海陆分布图

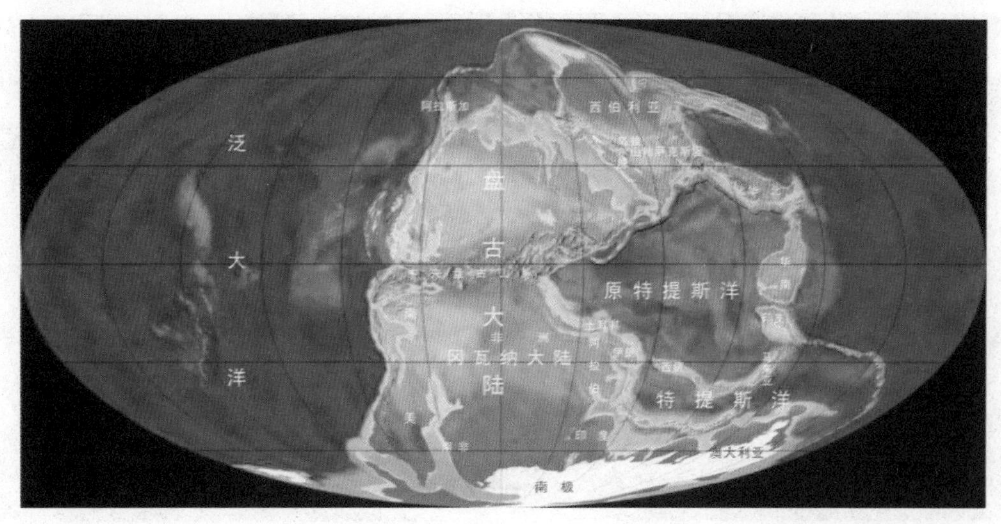

图4-5 二叠纪早期全球海陆分布图

运动结束（图4-6）。二叠纪早期的气温是相当低的，其后才逐渐改变。这个时候在欧亚之间存在着一个开口向东的古特提斯洋，这一长期存在的海洋地带分布于现北纬30°～40°，它的存在对其后的全球古地理格局产生了巨大的影响。

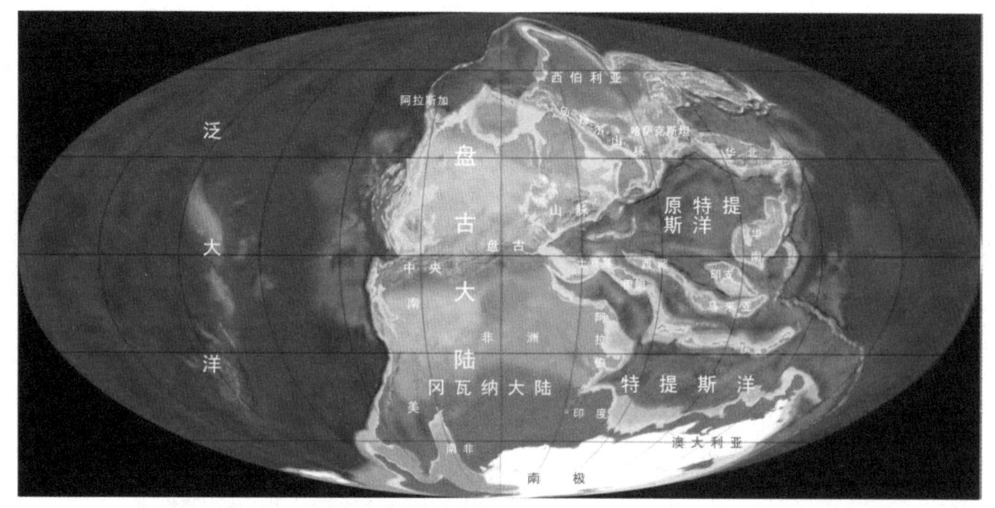

图4-6　二叠纪晚期全球海陆分布图

——地学知识窗——

古特提斯洋

也称“第一特提斯”，是位于北方劳亚古陆和南方冈瓦纳古陆间长期存在的古海洋。其名源于古希腊神话中河海之神妻子的名字。由于类似其残存的现代欧洲与非洲间的地中海，故又称古地中海。现代的地中海是古特提斯洋的残留海域。

生物界的大发展

整个晚古生代是陆生生物大发展的新阶段。

陆地森林出现和植物分区

在泥盆纪初，繁盛的裸蕨类仍是占

优势的陆生植物，但还没有真正的根和叶，仅生长于滨海沼泽等近水地区，主要代表为工蕨。到泥盆纪中期，开始出现根、茎、叶分化明显的原始石松及有节类，如原始鳞木，多为草本植物。泥盆纪晚期裸蕨类灭绝，出现了真蕨类和原始裸子植物，乔木植物占据相当优势，并可形成小规模森林，地球开始真正披上了绿装，标志着植物界已完成了脱离水体的变革，是生物发展史上的重要事件（图4-7）。

图4-7 泥盆纪时期陆地生态环境复原图

石炭纪，陆生植物进一步繁盛，并逐渐占据内陆腹地，地球上首次出现了大规模森林，以石松、真蕨和科达类为主，晚期出现了舌羊齿等植物群（图4-8）。需要特别指出的是，在古气候带的影响下，地球上开始呈现明显的植物地理分区，植物界完成了征服大陆不同气候环境的历史过程。

图4-8 石炭纪时期陆地上出现大规模森林

二叠纪早期，植物界以高大的石松、节蕨、科达类及真蕨、种子蕨类为主，晚期以大羽羊齿和瓣轮叶最为繁盛，裸子植物占据了主导地位，柏松、苏铁类和银杏等十分繁盛，预示着植物的演化已率先进入中植带阶段（图4-9），并在热带-亚热带植物区内明显地分化为华夏和欧美两大植物区。

图4-9 二叠纪陆地森林复原图

脊椎动物的登陆与演化

在晚古生代，陆生脊椎动物中的鱼类和两栖类得到重大发展。

泥盆纪最引人注目的是鱼类的进化。原始的甲胄鱼类和真正的有颌鱼类都非常繁盛，被称为“鱼类的时代”，这是动物界征服大陆的启示标志，其中盾皮鱼类中的恐鱼超过10 m，是海洋中的统治者。泥盆纪晚期，全球海平面下降，陆地扩大，当时某种肉鳍鱼类凭借独特的肉鳍，冒险从水中爬到另外的水塘中继续生活，渐渐地它们就能部分地适应陆地上的生活了，既能用鳃呼吸又能用肺呼吸，偶鳍就变成了四条腿，逐渐演变成了既可在水中游动，又能在陆上跳跃的最早登陆的脊椎动物——两栖类，格陵兰发现的长约1米的鱼石螈就是这种原始两栖类的代表。这是征服大陆过程中迈出的巨大一步，标志着动物界征服陆地的开始（图4-10）。

从石炭纪早期开始，两栖类得到蓬勃发展，其中一支称为迷齿类，其肢骨构造原始，只能匍匐行进，生活于沼泽、河湖地带；石炭纪晚期，原始爬行类出现，这是脊椎动物演化史上的又一次飞跃，其标志是通过陆生羊膜卵的方式在陆地上繁殖后代，北美发现的林蜥是其

图4-10 泥盆纪的“鱼类时代”及泥盆纪晚期的鱼石螈

中的代表，是已知的最早的爬行动物（图4-11）。从此，陆生脊椎动物的个体摆脱了对水的依赖，能适应更加广阔的陆上生态领域。

昆虫类在石炭纪时期得到了空前发展，由于这个时代的昆虫体型巨大，又被称为“巨虫时代”。科学家们认为这种史前奇特现象与大气中氧气的含量过高有关。在这些巨虫当中，最著名的是巨脉蜻蜓，它的翼展达0.75 m；在水中，巨型古广翅鲎的体长可达2.4 m，是进化史上最大的水生节肢动物；在黑暗的丛林深处，有最大的陆地节肢动物——巨型马陆，有大约3米长（图4-12）。

图4-11　石炭纪出现的原始爬行类——林蜥

二叠纪时，迷齿类中的块椎类占优势，曳螈是代表，其体长在1.8 m以上，与现代鳄鱼的生活习性相似，是两栖动物进化史中高级阶段的代表；原始爬行类开始辐射演化，较典型的是背部具帆状脊椎棘的似哺乳爬行动物盘龙类，以其中的异齿龙为代表，是当时陆地上的顶级掠食者；二叠纪中、晚期的非常接近哺乳动物的兽孔类占领了大地，它们演化迅速，遍布世界各大洲；此外，适应于淡水、河口一带水中生活的爬行类形态特

图4-12　石炭纪时期的巨型蜻蜓和巨型马陆

化，如中龙（图4-13）。

海生无脊椎动物的发展

晚古生代的海生无脊椎动物与早古生代相比也发生了巨大变化。早古生代繁盛的笔石几乎完全灭绝，三叶虫也大量减少，而珊瑚、腕足、蜓类和菊石大量繁盛，占据了重要位置。尤其以腕足类中的石燕贝类和长身贝类、三带型四射珊瑚、蜓类和菊石类的繁盛为特征（图4-14）。

图4-13　二叠纪时期的两栖类动物和哺乳类新兴物种代表——二齿兽

图4-14　晚古生代被菊石等为代表的无脊椎动物控制的海洋世界

多灾的生物界之“泥盆纪物种大灭绝”

在距今约3.65亿年前的泥盆纪晚期至石炭纪早期发生了一次物种大灭绝。在这次灭绝事件中，呈现两个高峰，中间间隔100万年，由一系列的物种灭绝事件组成，结果就是地球上所有物种的约3/4全部消失了，尤其是海洋生物遭到重创，82%的海洋物种灭绝，灭绝的科占当时科总数的30%，灭绝选择性地发生，灭绝的海生动物达70多科，其灭绝情况可能比陆生生物更为严重。当时珊瑚类受到的影响最大，几乎全部灭绝，可谓一蹶不振，直至1亿年之后才得以恢复昔日的光彩。层孔虫几乎全部消失，竹节石全部灭亡，浮游植物的灭绝率也达90%以上，无颌鱼及所有的盾皮鱼类受到严重影响。陆生植物以及淡水物种也受到影响。

对于这次灭绝事件的原因，科学家们有着不同的认识：有学者认为与奥陶纪末期相似，也是因全球变冷事件，即地球进入卡鲁冰河时期所致；也有学者认为此期间的彗星撞击事件可能是这次大灭绝的诱因；还有人认为是陆生植物大量繁育间接影响了海洋生物的发展而导致的灭绝。虽然大量的生物遭受了灭顶之灾，但有些生物还是顽强地存活了下来，颚脊椎动物类似乎并未受到这次事件的影响，而海蜇、海蝎也是幸存者（图4-15）。

图4-15　颚脊椎动物类、海蜇和海蝎等成为泥盆纪灭绝事件的幸存者

多灾的生物界之“二叠纪物种大灭绝”

二叠纪末期的物种灭绝事件可能是显生宙以来最严重的灾变，有人统计，估计地球上有96%的物种灭绝，其中95%的海洋生物和75%的陆地脊椎动物灭绝；但这次灭绝事件对鱼类的影响相对较小，软骨鱼中的肋刺鲨类此时继续发展；陆生生物中以水龙兽为代表的部分爬行动物也存活了下来。这次大灭绝使得占领海洋近3亿年的主要生物从此衰败并消失，让位于新生物种类，为恐龙类等爬行类动物的进化铺平了道路。

导致如此大规模生物群集灭绝的原因，虽长期以来许多人作过多方面的研究与探讨，但至今仍争议颇大：有些科学家认为，陨石、小行星或彗星撞击地球导致了二叠纪末期的生物大灭绝（图4-16）；但大多数生物科学家认为这场灭绝是由地球上的自然变化引起的。虽然这些单一方面的假说揭开了这次大灭绝的原因，但如果结合二叠纪末期的联合古大陆基本形成、迅速变化的古气候条件以及各门类生物对演变过程中的环境条件的适应能力等因素作综合考虑，也许能够得出令人信服的结论（图4-17）。

图4-16　小行星撞击地球致二叠纪物种大灭绝假说

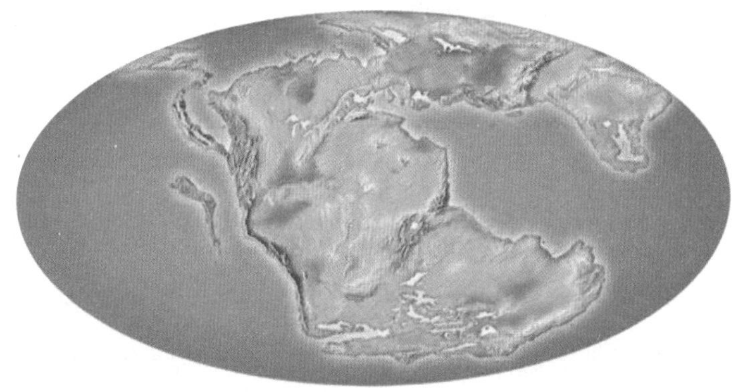

图4-17　盘古大陆的形成可能诱导了二叠纪末期生物大灭绝

晚古生代的中国和山东

晚古生代时期，中国也和世界许多地区一样，是由海洋占优势向陆地面积进一步扩大发展的时代。虽然晚古生代也曾多次发生海侵，有时海侵范围还相当广泛，但就整个时代看，主要还是陆地在不断扩大，整体看呈现北升南降（或南海北陆）的特点，北方稳定、南方活跃的形势，中国初步奠定了目前的地貌轮廓。

北方地区在晚奥陶世就已上升为陆地，到了石炭纪中期，地壳才发生沉降，出现多次短暂的海侵；至二叠纪晚期，又全部隆起成陆地并一直延续到现代，这样华北及东北南部便结束了海侵历史。在南方地区由于受加里东运动影响，很多地区在泥盆纪早期上升为陆地，但到泥盆纪中晚期，又多次遭受海侵，差不多整个晚古生代都在海水浸漫之下。晚二叠世早期，扬子地台产生大规模裂隙，火山活动强烈，形成了著名的“峨眉山玄武岩”，其散布在大半个西南地区。总的来看，华南要比华北活动性强，地理环境也比华北复杂。

在经过一系列地质发展后，华北、西北、东北以及华南已连成广阔的大陆。所以说，晚古生代是海洋向陆地转化的

——地学知识窗——

峨眉山玄武岩

命名地点在四川峨眉山，时代属中二叠世晚期至晚二叠世早期，分布于西南各省，如川西、滇、黔西及昌都地区等，厚达 1 000 ~ 2 000 m。主要为陆相裂隙式或裂隙 - 中心式溢出的基性岩流。岩性以玄武岩为主，局部地区有粗面岩、安山岩、流纹岩及松脂岩等。常具拉斑玄武岩结构、气孔及杏仁状结构。

重大变革时期，也是中国出现大陆占优势的时代；同时，经过海西运动后，地势起伏，分异显著，山盆相间的景观也开始出现。中国当时的生物界和全球生物界的发展基本一致。

进入晚古生代，山东的沉积-构造古地理格局也发生了重大转变。石炭纪晚期受华北板块与西伯利亚板块对接碰撞的影响，整个古地势北高南低，在晚石炭中期发生海侵，海侵方向大致由南而北，形成陆表海。石炭纪末期-二叠纪早期，海侵达到了最高峰；之后，随着华北板块南北两侧持续不断的挤压作用，华北整体抬升，山东地区进入了海退时期，期间发生了多次较大规模的海侵（图4-18）。二叠纪早中期，古地理环境整体表现为较快速的海退，方向主要为北西方向；随着陆壳的继续抬升，海水完全退出，山东进入了陆相沉积环境（图4-19）。

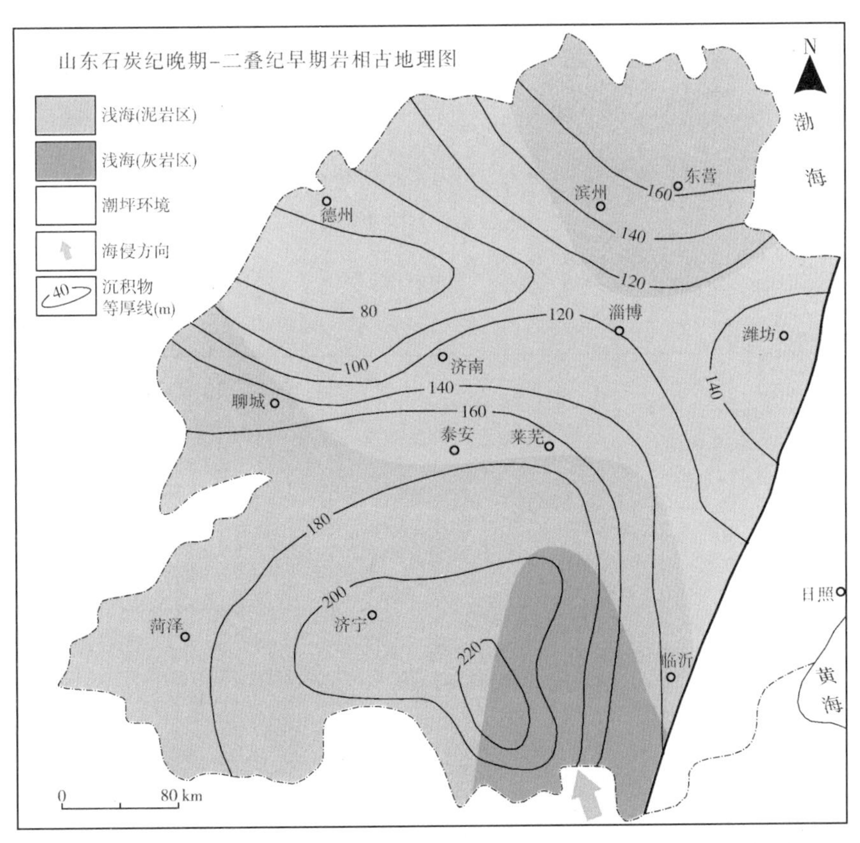

图4-18　山东石炭纪晚期-二叠纪早期古岩相地理图

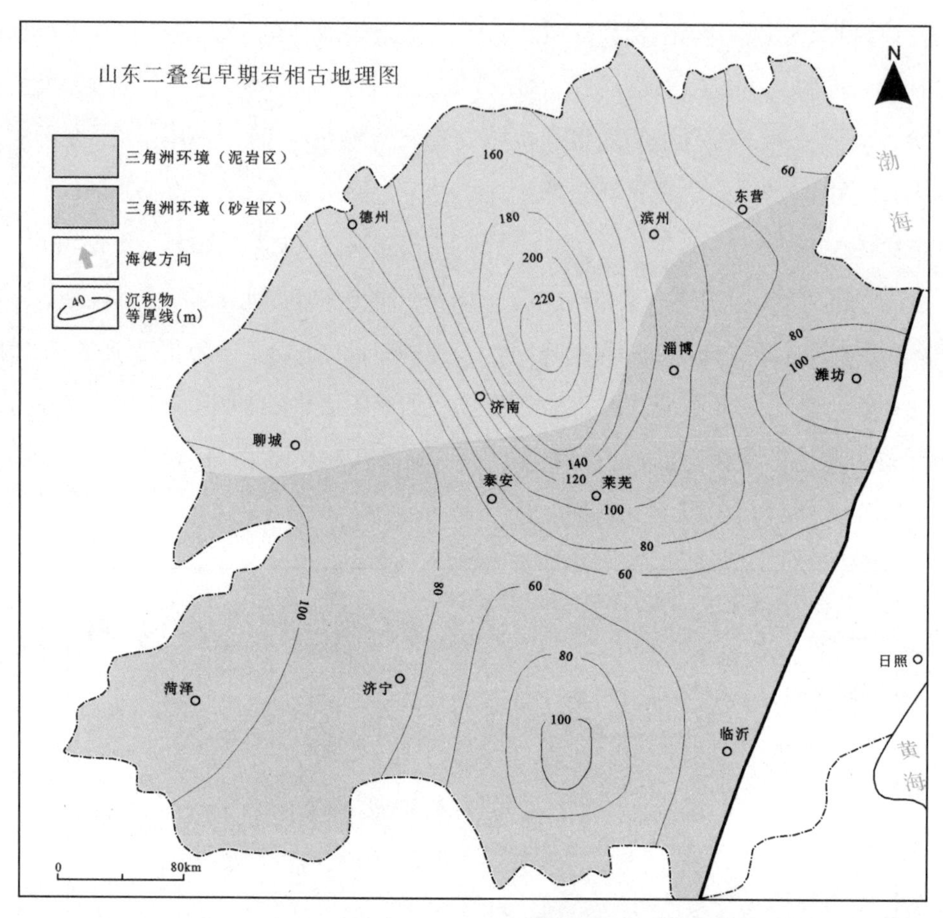

图4-19 山东二叠纪早期岩相古地理图

Part 5 中生代纵说

（2.52 亿~6550 万年前）

中生代是显生宙第二个代，这一时期形成的地层称中生界。中生代名称是由英国地质学家J.菲利普斯于1841年首先提出来的，是表示这个时代的生物具有古生代和新生代之间的中间性质。中生代从二叠纪–三叠纪之交灭绝事件开始，到白垩纪–古近纪之交灭绝事件为止，由老至新包括三叠纪、侏罗纪和白垩纪。这个时期除了地壳发生了巨大变化外，在生物界以恐龙为代表的爬行动物极盛，因此又称为“爬行动物时代”或“恐龙时代”。

三叠纪（Triassic），其名称是1834年弗里德里希·冯·阿尔伯提出的，他将中欧普遍存在的位于白色石灰岩和黑色页岩之间的三层红色的岩石层所形成的地质时代称为三叠纪，日本将希腊文“Trias”译为三叠纪，我国地质界沿用了这一名称。它开始于2.52亿年前，结束于1.99亿年前。

侏罗纪（Jurassic），它的名称源于瑞士、法国交界的侏罗山（今译汝拉山），是法国古生物学家A.布朗尼亚尔于1829年提出的。由于欧洲侏罗系岩性具有明显的三分性，1837年，L. von布赫将德国南部侏罗系分为下、中、上3部分。1843年，F.A.昆斯泰德则将下部黑色泥灰岩称为黑侏罗，中部棕色含铁灰岩称为棕侏罗，上部白色泥灰岩称为白侏罗。侏罗纪分早、中、晚3个世。

白垩纪（Cretaceous）开始于1.45亿年前，得名于西欧海相地层中的白垩沉积。1822年，德哈罗乌发现英吉利海峡两岸悬崖上露出含有大量钙质的白色沉积物，这恰恰是当时用来制作粉笔的白垩土，于是，比利时学者J.B.J.奥马利达鲁瓦于1882年便以此命名为“白垩纪”，即指这些沉积物形成的地质时代。（图5-1）

图5-1　在中生代极盛一时的爬行动物代表——恐龙

“盘古大陆”的裂解与古气候

中生代是全球板块与大地构造运动的活跃时期，与前面的时代相比，全球的地理面貌在这个时期发生了极大的变化，最主要的全球事件就是中生代早期“盘古大陆”的完全形成和中后期的裂解。

三叠纪早期的地球与现今的地球截然不同，只有一块大陆。到三叠纪中期，联合古陆开始出现分裂的前兆，在北美洲、欧洲中部和西部、非洲的西北部均出现了裂痕（图5–2）。三叠纪的典型红色砂岩表明，当时的气候比较温暖干燥，没

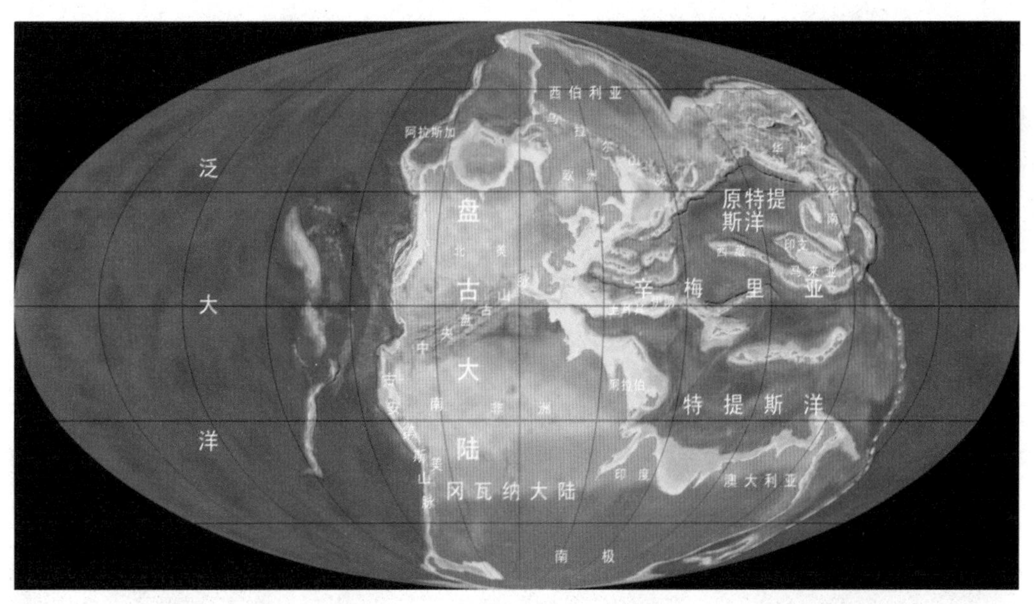

图5–2　三叠纪早中期全球海陆分布图

有任何冰川的迹象，那时的地球两极并没有陆地或覆冰（图5-3）。

在侏罗纪早期，东南亚聚合而成，一片宽广的古地中海将北方大陆和冈瓦纳大陆分隔两处，最早关于大陆裂解的张裂活动已经开始。沿着北美东岸、非洲西北岸和大西洋中央的岩浆活动将北美向西北方推移，在南美与北美互相远离的同时，墨西哥湾开始形成（图5-4）。盘古大陆在侏罗纪中期开始分裂，到侏罗纪晚期，中央大西洋已经张裂成一个狭窄的海洋，把北美与北美东部分隔开来，特提斯和大西洋中部形成一个连续的海道；当时，劳伦西亚大陆随着中央大西洋开始张裂便开

图5-3　三叠纪时期陆地生态复原图

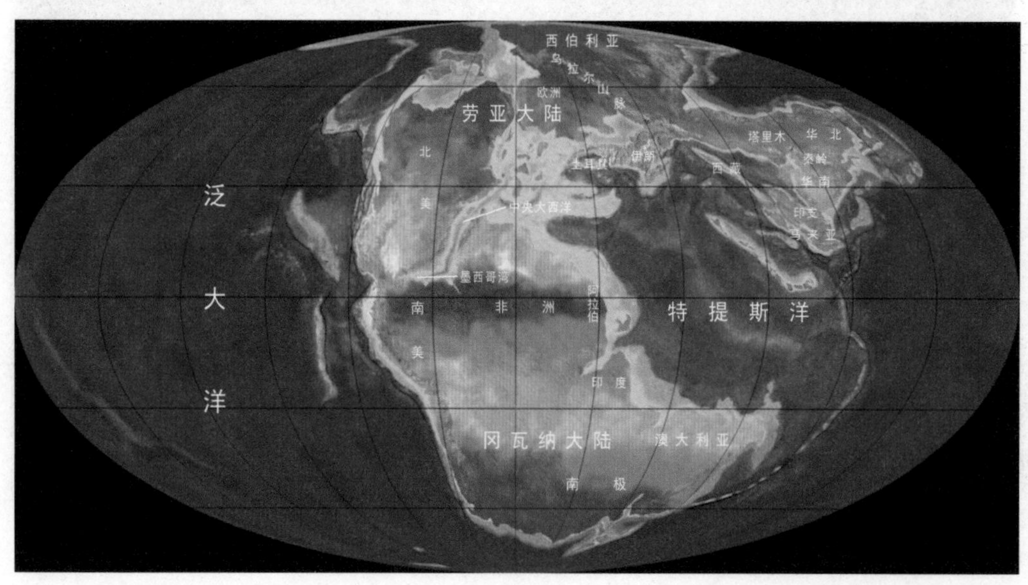

图5-4　侏罗纪早期全球海陆分布图

始了顺时针旋转，把北美洲往北方推送，欧亚大陆则向南移动，而这种顺时针的运动，也导致了古地中海开始闭合（图5-5）。

侏罗纪时期全球各地的气候都很温暖且均一，但也存在热带、亚热带和温带

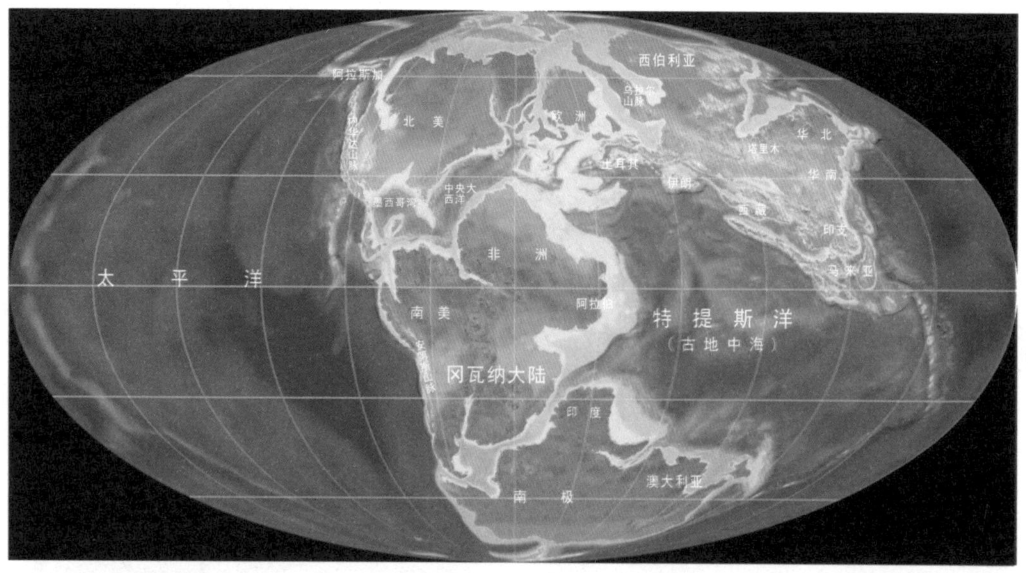

图5-5 侏罗纪晚期全球海陆分布图

图5-6 侏罗纪古生态环境复原图

的区别（图5-6）。涌入裂缝而生成的海洋产生湿润的风，给内陆的沙漠带来雨量，植物延伸至从前不能生长的地方，为大型陆上动物提供了所需的食物；侏罗纪早中期以蒸发岩和风成沙丘为代表的干旱气候带出现于联合古陆中西部的北美南部、南美和非洲地区。

在白垩纪，冈瓦纳大陆不断地破碎，南美洲、南极洲、澳大利亚相继脱离非洲，随后，印度陆块从马达加斯加分离开来，并加速向北移动（图5-7）。此时的南大西洋像拉开拉链一般由南向北渐渐张开，南美洲与非洲大陆之间的裂谷迅速张开形成南大西洋，北大西洋裂谷也随着北美洲向西漂移在不断扩大；与此同时，澳大利亚西缘的东印度洋也开始张裂，如今的印度洋开始出现。非洲北边的特提斯洋继续变窄（图5-8）。至白垩纪末期，形成了欧亚、北美、南美、非洲、澳大利亚、南极洲和印度等独立陆块，并在其间相隔太平洋、大西洋、印度洋和北极海（图5-9）。

白垩纪的海平面变化大，气候温暖，显示有大面积的陆地被温暖的浅海覆盖。在白垩纪中期，海洋底层的流动滞缓造成海洋的缺氧环境，全球各地的许多黑色页岩层即是在这段时期的缺氧环境中形成的；同时，这个时期的气候出现了寒冷

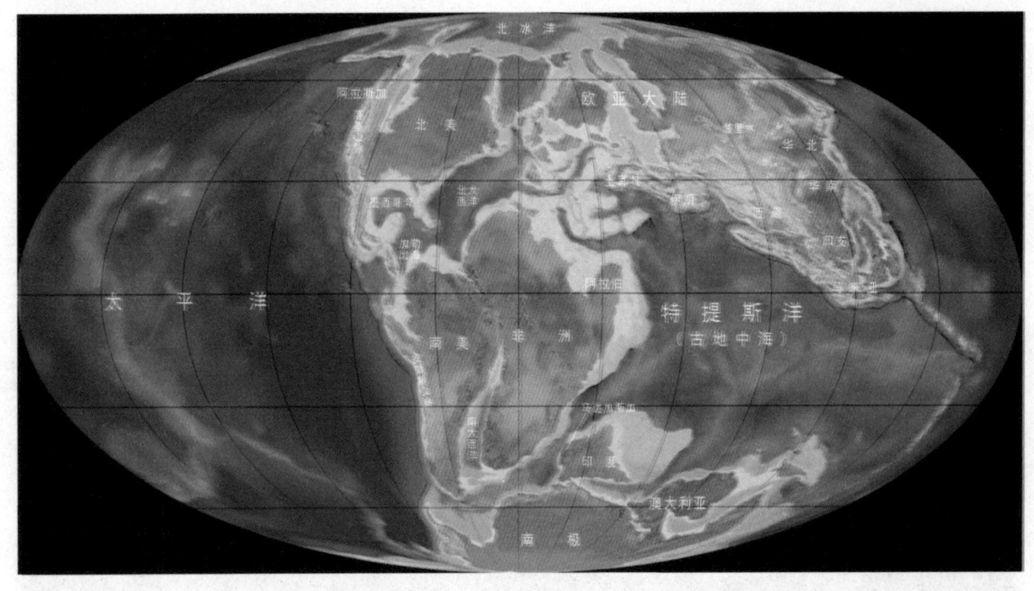

图5-7　白垩纪早期全球海陆分布图

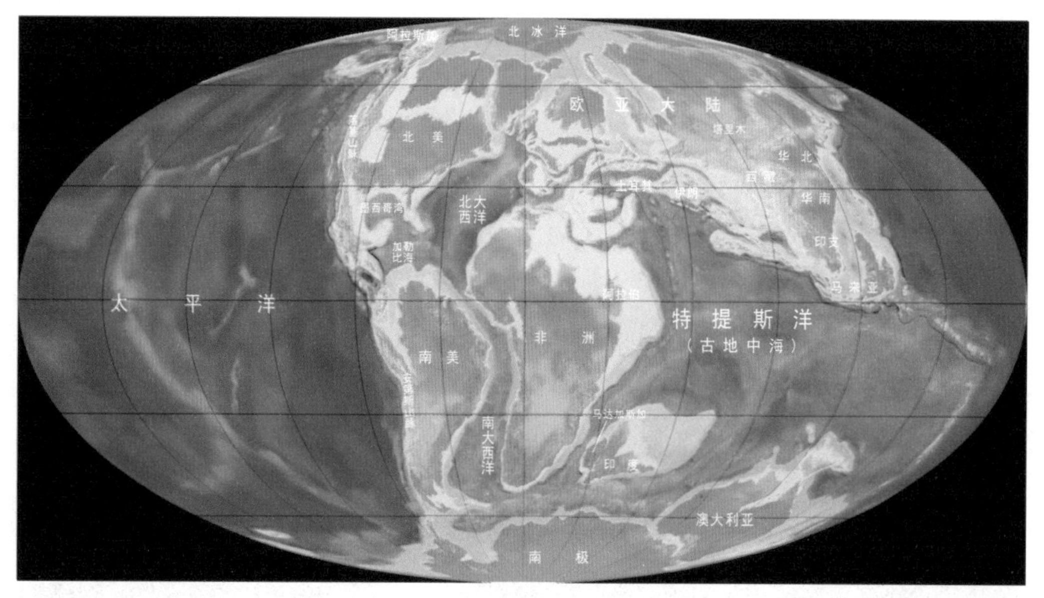

图5-8　白垩纪早中期全球海陆分布图

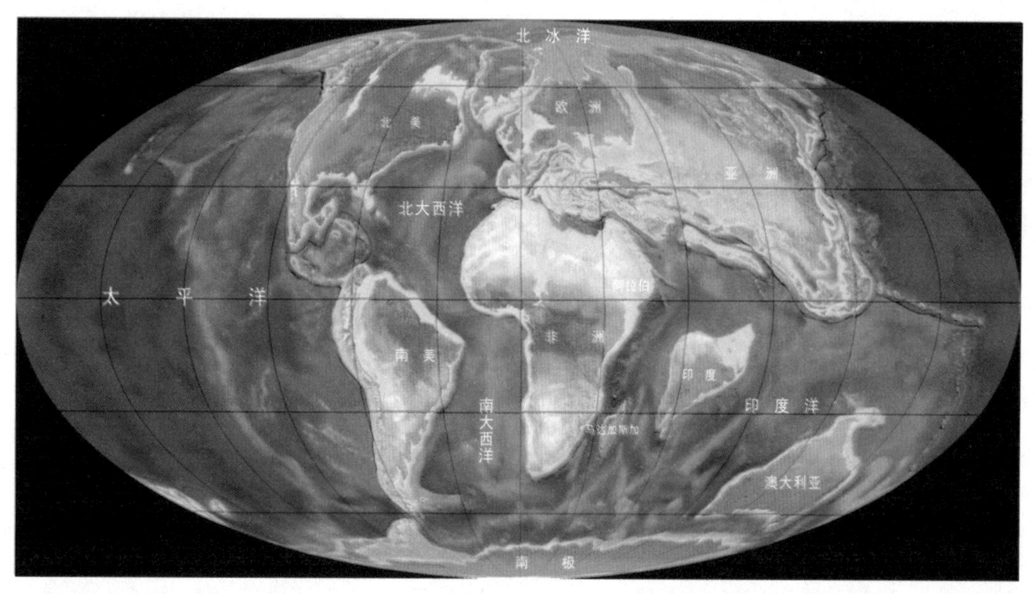

图5-9　白垩纪晚期全球海陆分布图

的趋势，高纬度地区的降雪增加，高山出现冰河，而较低纬度仍可见季节性降雪；随后，气温开始上升并一直持续到白垩纪末期，而这次气温的上升可能是密集的火山爆发造成的（图5-10）。

图5-10　白垩纪时期生态复原图

生物界的大变革

古生代末期的全球性生物灭绝事件导致了生物界面貌的重大变革。中生代开始，海生无脊椎动物呈现崭新的面貌，陆生动植物也进入一个新的发展阶段。脊椎动物首次占领了陆、海、空全方位领域，显示了生物适应环境能力的巨大进步。

在三叠纪，两栖类中的迷齿类、原始爬行类中的二齿兽类等成为陆地脊椎动物的主要成员，著名的水龙兽就是其典型的代表；三叠纪中晚期出现了大量新类群，例如在森林深处的小型食肉类——新

巴士鳄，而它就是恐龙与鳄类等爬行动物的共同祖先；原始的恐龙（腔骨龙类）和最原始的似哺乳类（摩根尖齿兽、三尖齿兽类等）在三叠纪晚期迅速得到发展，成为爬行类动物的一个突发演化期（图5-11）。

图5-11　三叠纪主要成员——龙兽、原始恐龙腔骨龙类和原始似哺乳动物

这个时期的植物界以裸子植物中的松柏类、苏铁类、银杏类以及蕨类的繁荣为特征，其中的肋木和真蕨类极为繁盛（图5-12）。海洋中，海生无脊椎动物中的菊石和双壳类是最为重要的生物。

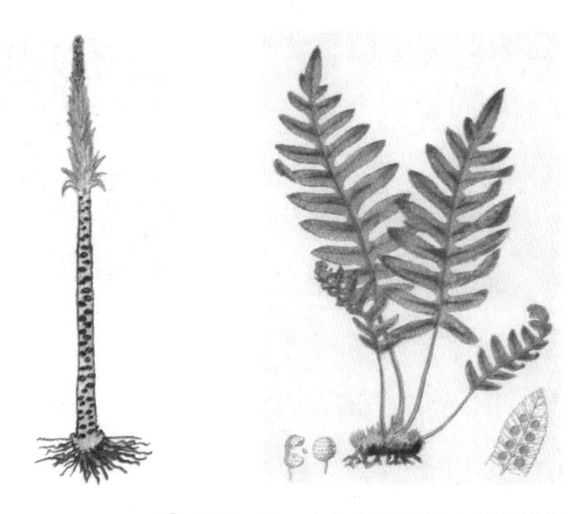

图5-12　广布全球的肋木及真蕨类

侏罗纪时期的脊椎动物已呈现典型的中生代面貌，爬行动物已经在地球上的陆海空生态领域占统治地位。这个时期是恐龙的鼎盛时期，各类恐龙济济一堂，构

图5-13　侏罗纪生态环境复原图

图5-14　以马门溪龙为代表的蜥脚类恐龙是当时地球上的庞然大物

成一幅千姿百态的龙的世界图，迅速成为地球的统治者，自此，“龙行天下”的时代已经开始（图5-13）。

陆地生活的恐龙按骨盆类型可分为蜥臀类和鸟臀类两种。蜥臀类中的蜥脚类个体巨大，四足行走，颈、尾均很长，头小齿弱，在湖沼地区以两栖方式生活，四川的马门溪龙为其典型代表（图5-14）。海洋中的鱼龙类成为海洋中的霸主，其他还有海鳄类和硬骨鱼类，以及蛇颈龙和短龙（图5-15）。适应空中飞翔的爬行类据目前认识所知开始于侏罗纪，喙

图5-15　鱼龙类是侏罗纪海洋中的霸主，以及海鳄和蛇颈龙

嘴龙形体不大（约0.7 m），前肢加长，后脑及眼发育，但保留一个长尾，是原始飞龙类的代表（图5-16）。

图5-16 翱翔于天空的喙嘴龙是原始飞龙类的代表

鸟类最早的化石记录是1986年发现于北美得克萨斯州三叠系的原始鸟；在此之前，德国巴伐利亚州侏罗纪晚期发现的始祖鸟一直被当作由爬行类演变成鸟类的中间环节而闻名于世；但我国辽西北票地区发现的早期鸟类——孔子鸟，形态特征较始祖鸟更先进；1996年在中国辽西热河生物群中发现的“中华龙鸟”取代了130多年来德国始祖鸟是鸟类祖先的地位（图5-17）。

图5-17 举世闻名的“中华龙鸟”和“孔子鸟”

侏罗纪早期新产生了哺乳动物——多瘤齿兽类，它们个体大小如鼠或猫，牙齿已分为门齿、犬齿和前后臼齿，在那个“龙的世界”里，没有其他任何物种的发展余地和空间，早期哺乳类动物为了自身安全只能生活在地洞里，往往到了夜间才能出来寻找食物（图5-18）。

图5-18 侏罗纪早期的哺乳动物——多瘤齿兽类

在侏罗纪的植物群落中，裸子植物中的苏铁类、松柏类和银杏类极其繁盛。蕨类植物中的木贼类、真蕨类和密集的松、柏与银杏和乔木状的羊齿类共同组成了茂盛的森林，草本羊齿类和其他草类则遍布低处，覆盖大地（图5-19）。中生代以来，湖生淡水动物群迅速发展，东亚地区侏罗纪晚期十分繁盛的热河生物群以出现东方叶肢介-拟蜉蝣-狼鳍鱼为特征，是最著名的湖生生物代表。

到了白垩纪，陆地爬行动物仍占绝对优势，特别是恐龙类依然占据着陆、海、空生态领域。白垩世早期，大型蜥脚类恐龙仍然存在；兽脚类恐龙前肢特化，便于捕捉，后肢强健，牙齿锋利，是凶狠的肉食猛兽，霸王龙是其中的典型代表。鸟臀类经常两足行走，两腿姿势和脚的三趾构造与鸟类相似，一般在白垩

图5-19　侏罗纪时期的森林面貌

纪趋于繁盛，并进一步分化出鸟脚龙、剑龙、甲龙和角龙4个亚目（图5-20）。海生爬行类沧龙也于白垩纪晚期广布于世界各地（图5-21）。

白垩纪飞龙类的发展更加完善，我国的准噶尔翼龙两翼伸开长达2 m，北美白垩纪晚期的无齿翼龙个体更加巨大，翼展可达7 m（图5-22）；但它们逐渐无法面对鸟类辐射适应的竞争，在白垩纪末期，翼龙目仅存2个科。鸟类是脊椎动物向空中发展取得最大成功的类群。白垩纪早期鸟类开始分化，并且飞行能力及树栖能力比始祖鸟大大提高。

哺乳动物在白垩纪也得到了进化，

图5-20　白垩纪时期形形色色的恐龙

图5-21　白垩纪海洋中的霸主——沧龙

图5-22　白垩纪时期体型巨大的无齿翼龙

但所占比例还比较小，只是陆地动物的一小部分。古兽类区分出有袋类和更高级的有胎盘类，有袋类在当时广泛分布全球各大陆，有胎盘的小型食虫类则仅见于北方大陆。

白垩纪早期，以裸子植物为主的植物群落仍然繁茂，而被子植物的出现则是植物进化史中的又一次重要事件；到白垩纪晚期，被子植物迅速兴盛，代替了裸子植物的优势地位，形成延续至今的被子植物群。开花植物在白垩纪也首次出现、散布，到了白垩纪后期成为优势植物的榕树、悬铃木（俗称法国梧桐）、木兰花等大型植物开始出现（图5-23）。

昆虫在这个时期开始多样化，出现了最古老的蚂蚁（图5-24）、白蚁、鳞翅目（蝴蝶与蛾）、芽虫、草蜢，瘿蜂也开始出现。

湖生脊椎生物中，现在的鳐鱼、鲨鱼和其他硬骨鱼也较常见。海洋生物中，白垩纪与侏罗纪时期基本一致，菊石呈现特化的趋势，棘皮动物（如海胆类）大量繁盛（图5-25）。

图5-23　白垩纪繁茂的植物群落和首次出现的开花植物

图5-24　白垩纪出现了最古老的蚂蚁

图5-25　白垩纪水中的鳐鱼、鲨鱼、海胆

多灾的生物界之“侏罗纪物种大灭绝”

在距今2亿年前的三叠纪至侏罗纪过渡时期，地球上发生了地质史上的第4次生物大灭绝事件。不少科学家认为这次灭绝事件历时很短，可能不足1万年，且无特别明显的标志。这次灭绝事件的影响遍及陆地与海洋，导致全球约有76%的物种（23%的科与48%的属的生物）灭绝。虽然这次大灭绝的损失相对较小，但它却腾出了许多“生态位”，为很多新物种的产生提供了有利条件；也正是这次灭绝事件，尤其给恐龙提供了广阔的生存空间，使其加速崛起成为侏罗纪的优势陆地动物，恐龙时代来临。

图5-26　三叠纪末期的陨石撞击是否又一次成为地球生命的终结者？

图5-27　大面积火山爆发及其引发的气候变化可能是三叠纪末期生物灭绝的主要原因

关于此次灭绝事件的原因至今未有定论：最常见的观点是陨石撞击地球所致（图5-26）；还有人认为这一事件与当时大规模火山爆发所引发的气候变化有关（图5-27）；也有人认为一次快速而大幅度的海退－海进旋回以及干旱是造成灭绝的原因。

多灾的生物界之“白垩纪物种大灭绝”

白垩纪末期生物大灭绝事件是目前所知的地质历史时期最后一次大灭绝事件，发生在距今约6500万年前。据目前所知证据证明，当时地球上有75%~80%的物种遭到了灭绝。而其也因长达1.6亿年之久的恐龙时代在此终结而闻名（图5-28），海洋中的菊石类也一同消失，使得这次大灭绝事件在地球历史中最为著名。同时，这次灭绝事件也产生了决定性的影响，其最大作用在于消灭了地球上处于霸主地位的恐龙及其大部分同类，并为哺乳动物及人类的最后登场提供了契机。

关于白垩纪－第三纪灭绝事件的原因，

图5-28　白垩纪生物灭绝因恐龙时代的终结而闻名

尤其是在关注恐龙灭绝的原因问题上，在科学界存在着上百个假说，但是像恐龙这样一个庞大的占统治地位的家族，为什么会突然之间就从地球上消失了，在6500万年前究竟发生了什么使得恐龙和另外一大批生物统统死去，科学家们对此一直争论不休。提出的假说真可谓是五花八门，无奇不有。但是，普遍被大家认可的是陨石撞击说，墨西哥尤卡坦半岛的希克苏鲁伯陨石坑是其最有力的证据。

除此之外，还有其他很多的说法，比如气候变迁说、大陆漂移说、物种斗争说、地磁变化说、植物中毒说、酸雨说、造山运动说、火山爆发说、海洋退潮说、自相残杀说、压迫学说、气温雌雄说、物种老化说等等。

总之，恐龙的灭绝只有在各种内、外界因素共同作用下才会发生，所以恐龙灭绝是一个复杂的过程，单一的原因很难导致恐龙灭绝或是其他生物的灭绝。但是无论当时发生了什么，至少有一点是不可否认的，那就是包括恐龙在内的其他灭绝的生物对所发生的事件无法适应或改变。如果它们能够适应或改变环境，那么，它们还会那么神秘地灭绝吗?

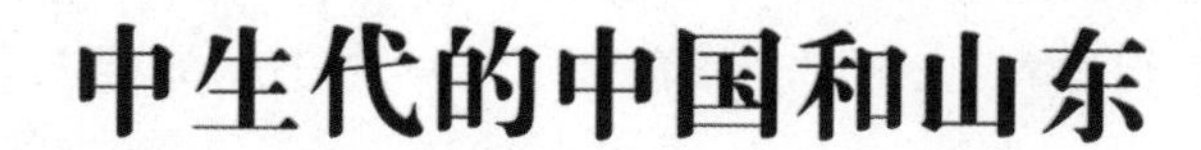

中生代的中国和山东

中生代时中国的地理位置，东靠古太平洋，南邻古特提斯海，恰好夹在环太平洋和古特提斯海两大活动地带的中间，所以，中国中生代构造运动和岩浆活动的规模和强度是古生代以来任何时期无法比拟的。中国在中生代时期受到两次较重要的地壳运动影响，一是晚古生代末期至中生代早期的印支运动，另一个是贯穿整个中生代的燕山运动。在这两次地壳运动的影响下，中国的大地构造格局和古地理环境较之前相比发生了巨大的变化。

在印支运动以后，从侏罗纪开始，中国已经基本结束了“南海北陆”的格

——地学知识窗——

印支运动

即印度支那运动，最初的定义只是指中南半岛和中国华南地区中三叠纪与上三叠纪地层之间的角度不整合所表现的构造运动，但如今已经把整个三叠纪期间的地壳运动统称为印支运动，其主幕发生在晚三叠世晚期，昆仑－秦岭造山带就是一个经历了多次古生代造山作用，最后由印支运动完成的造山带。印支运动不仅是具有中国特色的重要构造变形期、岩浆活动期、变质作用和区域成矿期，而且是中国大地构造格局和动力学体制明显转换的时期，在中国地质构造演化历史上具有举足轻重的地位。在印支运动以后，从侏罗纪开始，中国基本结束了“南海北陆”的格局，形成一片宽广的大陆环境，古中国大陆雏形基本形成。

局，形成一片宽广的大陆环境，古中国大陆雏形已基本形成。新形成的古昆仑山、古秦岭横贯大陆东西，对于分隔南北古气候区产生一定影响；同时，在中国东部地区，沿着大兴安岭-太行山-武陵山一线的东西两侧，显示出更为明显的分异现象：该线以东属于环太平洋强烈的地壳构造运动和岩浆活动带，形成一系列小型裂谷盆地群，并伴随有多次大规模的火山喷发活动，越是靠近东部其活动亦愈强烈，形成了北北东或北东向褶皱断裂山地，以及众多斜列的隆起和拗陷；与此相反，该线以西出现大型稳定内陆盆地，如北方的鄂尔多斯盆地和川鄂盆地，这些盆地不仅面积大，拗陷幅度也大，而且岩浆活动和构造运动也十分微弱。这造成了由中国长期以来的南北方向的差异转化为东西方向的差异。

中生代时，山东陆壳的演化主要受控于古亚洲构造的扬子板块与华北板块的挤压拼接，以及滨太平洋构造的太平洋板块向欧亚板块的俯冲。在这种背景下，山东省在中生代形成了一系列受构造控制的陆相盆地，构成了盆岭相间的格局。

——地学知识窗——

燕山运动

整个侏罗纪－白垩纪期间广泛发生在中国大陆的地壳运动，其表现为强烈的褶皱断裂作用、广泛的岩浆活动、动力变质作用和成矿作用，在中国东部环太平洋地区具有东强西弱的明显规律变化，并呈现出“多幕次性”。燕山运动是中国重要的构造运动期和广泛的成矿期，并奠定了中国的基本构造格局。阴山－燕山造山带正是一个典型代表，是一个典型的陆内造山带。

Part 6 新生代纵谈

（6 550 万年前 ~ 现今）

新生代开始时，地球上的海、陆分布比现在大，地表各个陆块此升彼降，不断分裂，缓慢漂移，相撞接合，趋向稳定，大地构造轮廓和古地貌逐步接近现代状况。喜马拉雅山耸起，与此同时或稍早，欧洲升起了阿尔卑斯山，美洲升起了落基山。第四纪以来，干湿及冷暖交替的波动气候，出现冰期和间冰期，东亚季风形成和发展，出现第四纪黄土堆积；新近纪末、第四纪初地球上古人类出现。

新生代是地球历史上最新的一个地质时代，开始于6500万年前的中生代末期生物大灭绝至今。新生代被分为古近纪、新近纪和第四纪。古近纪又分为古新世、始新世、渐新世；新近纪又分为中新世、上新世；第四纪又分为更新世、全新世。

古近纪（Paleogene），旧称早第三纪，是地质年代中新生代的第一个纪，开始于大约6550万年前，结束于2303万年前。古近纪包括古新世、始新世、渐新世。

新近纪（Neogene），是指新生代的第二个纪，旧称“晚第三纪”，开始于距今2303万年前，包括中新世和上新世。

第四纪（Quaternary），是新生代最新的一个纪，包括更新世和全新世。第四纪这个名称是1829年由J.迪斯努瓦耶提出的，他在研究塞纳河低地的沉积层时发现了一层比新近纪更新的岩层，并且一直延伸到今天。关于其下限一直存在争议，支持较多的有180万年前和260万年前。虽然国际地层委员会推荐的第四纪的下界年龄为1.80 Ma，但是由于2.6 Ma是黄土开始沉积的年龄，因而我国地质学家，尤其是第四纪地质学家基本都采用后者。

强烈的地壳运动

中生代结束、新生代开始时，地球上的海、陆分布范围比现在大：古欧亚大陆比现代小，古中国和古印度为古地中海所隔，古土耳其和古波斯为古地中海中的岛屿，红海尚未形成，古阿拉伯半岛是古非洲的一角，古南美洲和古北美洲相距遥远，而古北美洲与古欧亚大陆接近。新生代开始后，地表各个陆块不断此升彼降，不断分裂，缓慢漂移，相撞接合，逐渐形成今天的海陆分布（图6-1）。新生代期间地壳的发展总体由活动趋向稳定，大地构造轮廓和古地貌逐步接近现代状况。

中生代以来的两个活动区，即阿尔卑斯-亚平宁山-喜马拉雅山地区和环太平洋地区还在继续活动，古近纪时期的印度板块与欧亚大陆在特提斯的喜马拉雅中、东部产生了初始的碰撞（图6-2）。

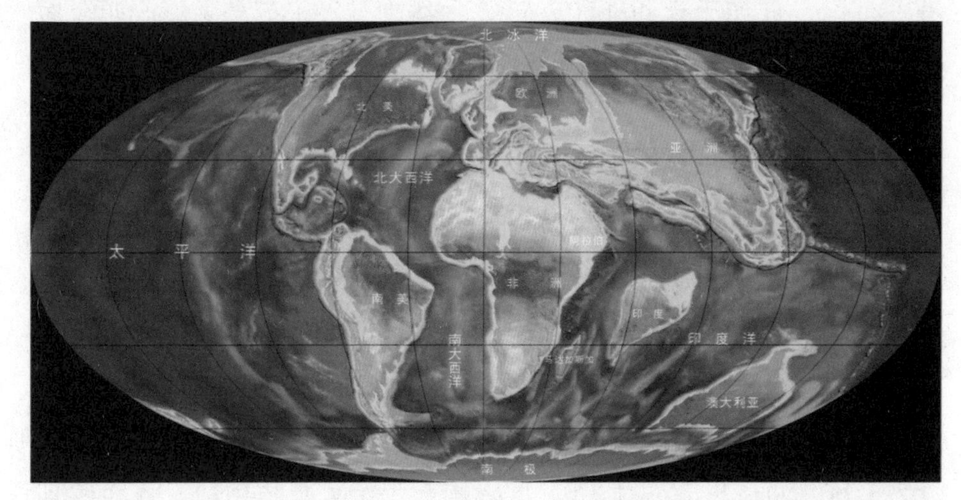

图6-1　白垩纪末期-古近纪初期全球海陆分布图

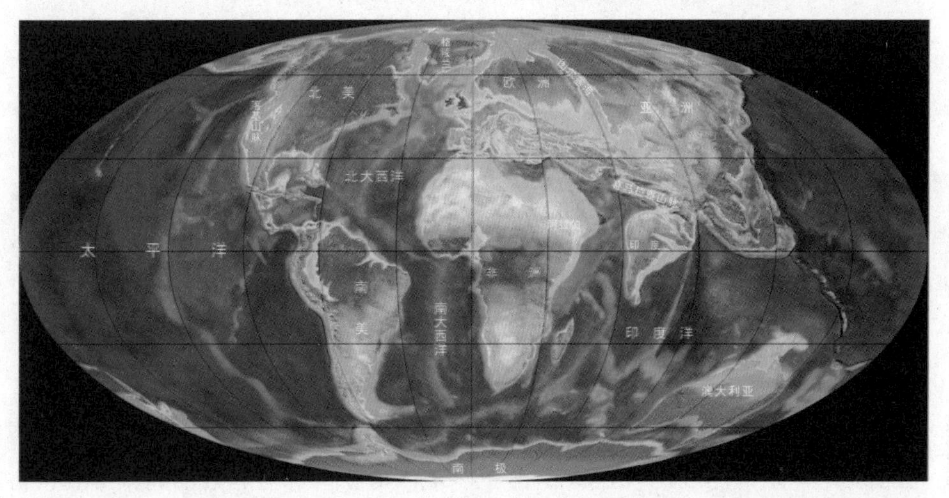

图6-2　始新世全球海陆分布图

新近纪时期，由于喜马拉雅造山运动的影响，古地中海强烈褶皱隆升，横亘东西的山脉取代了昔日的古地中海的位置；许多古近纪时形成的山系继续隆起，如南美的安第斯山、落基山等，山势基本与现代相近（图6-3）。第四纪以来，陆地上新的造山带是构造运动最剧烈的地区，地震和火山是主要的表现形式。喜马拉雅地区继续上升，逐渐成为世界最高峰，青藏高原也因这次运动上升而隆起，其南带至今仍处于活动状态；环太平洋地区的内带不断隆起，安第斯山继续隆起，其东北部也相继上升，西太平洋群岛进一步发展，台湾地区脱水而出（图6-4）。

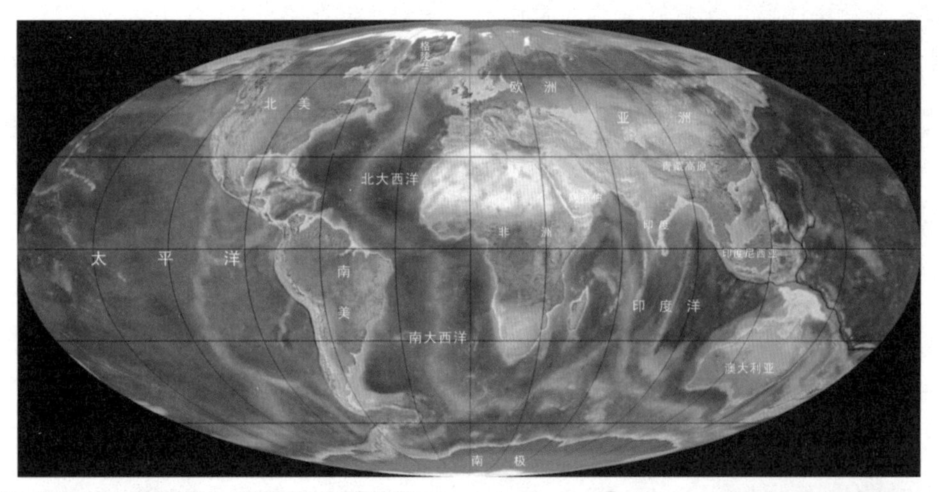

图6-3 中新世全球海陆分布图

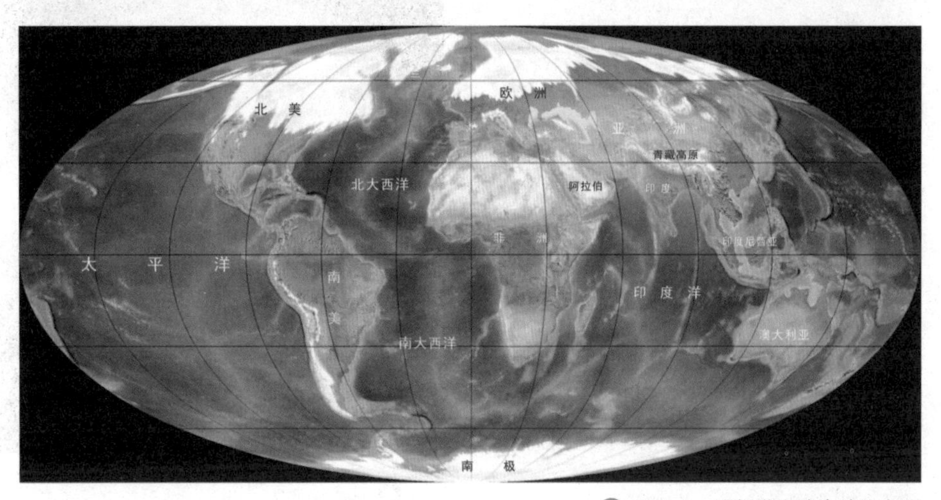

图6-4 更新世全球海陆分布图

气候的变迁

整个新生代发生了气候变冷、旱化的趋势，低纬度与高纬度地区的温度梯度增大，各地区水分条件的差异加大，导致全球自然环境的多样化。

新生代之初，全球大体上保持中生代时期的暖热大洋环流形式，大洋环流较弱，无寒冷的底层水，表层流以纬向为主，可能存在着环绕全球的赤道流。各种资料表明当时的气候温暖而均一，南极是无冰的。

始新世时期，随着南大洋的增宽形成了具有重要意义的南大洋通道，使得这一地区经历着变冷的过程；在始新世末，有一次重要的急速变冷事件，在环南极地区海面形成冰冻环境并第一次出现大规模的海冰。

渐新世早期，印度大陆向欧亚大陆的接近中断了古新世和始新世时期存在的赤道环流，同时，南大洋的增宽加强了绕极环流，导致进一步变冷，南极冰盖逐步发育起来。

进入中新世，大洋的形状和海陆分布已与现代十分相似，古气候记录显示出显著的变冷，大规模的南极冰盖已经存在并已扩展到海面达到现在的规模（图6-5）。

上新世时期，全球出现了轻微转暖，但随后进一步变冷；到上新世末期，北半球的气候变冷导致冰川的显著扩展，北大

图6-5　在中新世时期南极形成了永久冰盖

西洋冰漂碎屑的存在标志着作为第四纪特征的冰盖迅速增长与消融的时期的开始，此时的北半球冰盖已达到中等规模（图6-6）。

进入第四纪，受全球海陆分布变化和板块运动的影响，全球的气候主要表现为寒冷与干旱并存。

“寒冷”是指进入第四纪之后，全球性的冰川活动从距今200万年前开始，称为“第四纪大冰期”，是地质史上距今最近的一次大冰期。但是这次冰期其实从距今1400万年~1100万年前便已经开始，但在第四纪才出现冰期和间冰期的明显交替，240万年以来至少经历了24个气候旋回；在这次大冰期中，气候变动很大，冰川有多次进退，分别被称为冰期和间冰期。第四纪大冰期比以前的冰期持续时间要短，现在的气候也比历史上很多时期要寒冷，因此，第四纪大冰期并未结束，现在我们的地球仍处于第四纪大冰期中的亚冰期与间冰期之间。第四纪大冰期最盛时在北半球有3个主要大陆冰川中心，即斯堪的那维亚冰川中心、北美冰川中心和西伯利亚冰川中心，估计当时整个地球有24%~32%的面积为冰所覆盖，还有20%的面积为永久冻土层，许多地区冰层厚达千米（图6-7）。

一直到1.65万年前，全球的冰川才开始融化，大约在1万年前消退，北半球各大陆的气候带分布和气候条件基本上成为现代气候的特点。这次大冰期使地球上的面貌大为改观，冰川消退之后留下了大规模的湖泊群，所以加拿大和芬兰都成了“千湖之国”，但并未造成大规模的生物集群灭绝，物种可以退却到少数“避难所”中得以生存。第四纪末有很多大型哺乳动物在地球上消失。但现在的很多学者

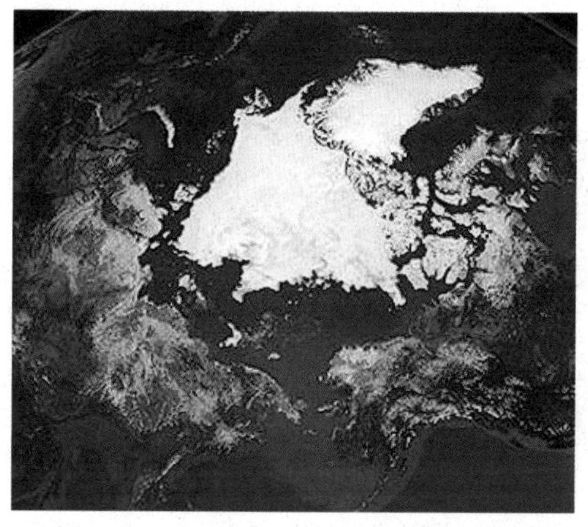

图6-6　在第四纪开始前北极的冰盖已达到中等规模

图6-7　“第四纪大冰期”是地质史上距今最近的一次大冰期

——地学知识窗——

第四纪冰期

新近纪末、第四纪初，气候开始转冷，寒冷气候带向南迁移，使高纬度和高山地区广泛发育冰盖和冰川。第四纪冰盖的规模很大，在欧洲，冰盖南缘可达北纬 50° 附近；在北美，冰盖前缘一直伸到北纬 40° 以南；南极洲的冰盖也比现在大得多，包括赤道附近地区的山岳冰川都曾下降到较低的位置。这次大冰期至少可以分为 4 次冰期和 3 次间冰期。在最大的一次冰期中，世界大陆有 32% 的面积被冰川覆盖，致使海平面下降约 130 m。在这次冰期中，气温平均比现在低 3~7℃，降水量也比较大。

认为，它们的灭绝不是冰期的结果，而可能是人类活动造成的（图6-8）。

“干旱”是指在第四纪开始的240万年前前后，全球环境较之前的干旱化程度进一步加强。之前形成的地球上最大的两个沙漠，即“白色沙漠”南极和非洲的撒哈拉沙漠在这个时期进一步干旱化，从西撒哈拉经阿拉伯到印度西北部出现了广阔的热带干旱带，不仅如此，世界许多地区在新近纪——第四纪时发生了森林植被被草原植被所取代的过程，东非在约250万年前之后不再有郁闭的森林，而出现了森林草原环境；中国从240万年前开始也出现黄土沉积，地中海地区的夏季干旱也在此时出现，热带安第斯地区的植物群于250万年前发生了显著变化（图6-9）。

图6-8　第四纪末期消失的大型哺乳动物是冰期造成的？

图6-9　进入第四纪以后全球干旱化进一步加强

新生代的生物界

白垩纪末期的生物灭绝事件之后，新生代的生物界发生了明显的变化，无论在陆地还是海洋，动物界和植物界都有清晰的反映。被子植物的兴盛始于白垩纪后期，但新生代时期才真正达到花草和蔬果的全面繁盛。中生代十分繁盛的恐龙灭绝之后，代之以哺乳动物的空前大发展。古近纪早期是从原始食虫类祖先演化而来的古有蹄类及肉齿类繁盛的时期（图6-10）；古近纪中、晚期是奇蹄类高度发展和食肉类繁荣的时期，前一阶段的“古老类型”大量灭绝或衰退，被进步的有蹄类（奇蹄、偶蹄）及肉食类的裂脚类（犬、熊、浣熊、灵猫、鬣狗、

图6-10　古近纪早期古有蹄类及肉齿类繁盛

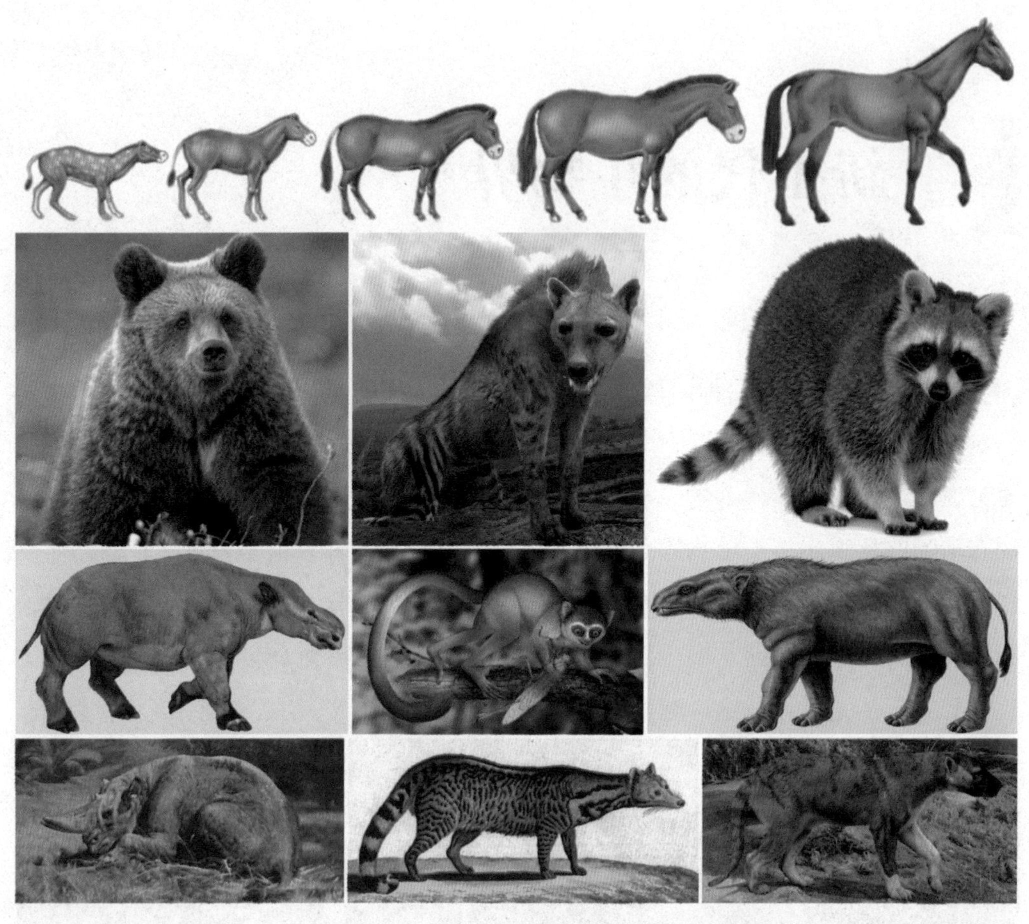

图6-11　古近纪中晚期是奇蹄类和食肉类繁荣的时期

猫等）所代替，现代哺乳动物的祖先已基本出现（图6-11）；这个时期除了适应陆地生活的多种方式外，还出现了天空飞翔的蝙蝠类和重新适应海中生活的鲸类（图6-12）。

图6-12　古近纪海洋中体型巨大的哺乳动物——鲸类

新近纪的动物总貌与现代更为接近，哺乳动物进一步发展，是偶蹄类大发展和象迅速演化的时期，晚始新世至早渐新世的始祖象是这个时期的代表（图6-13）。

进入第四纪，早期出现了真象（如前东方剑齿象）、真马（如长鼻三趾马、三门马）、真牛（如野牛）和猿类（如步氏巨猿）等，中国的泥河湾动物群具代表性；当然还有第三纪的残留分子，代表有肿骨大角鹿（肿骨鹿）、中国缟鬣狗、披毛犀、大熊猫和东方剑齿象等；之后，出现了大量现生属种和许多极地动物。到了第四纪的后一阶段——全新世，哺乳动物的面貌已和现代基本一致，而人类的出现是这一时期乃至地球发展史上最重大的事件（图6-14）。

图6-13　新近纪长鼻类的代表——始祖象

图6-14　第四纪生物界的代表——披毛犀、大角鹿、长毛象、巨猿和古人类

新生代是被子植物繁盛的时代。从白垩世中晚期开始，被子植物已取代了中生代的蕨类植物、苏铁类和银杏类等裸子植物，而在植物界中占优势；同时，也有一些裸子植物和蕨类延续到现代。古近纪时期，被子植物基本上是乔木，在景观上比中生代具有明显的多样性；到新近纪，植物界已基本上由现代属组成，并有大量的现生种；第四纪时，高等植物与现代植物基本没有区别。在植物地理分区方面，在古近纪和新近纪一般分为泛北极植物区、热带植物区及南极植物区，而热带植物区由于东西半球组成不同，有人进一步分为次一级的古热带植物区（东半球）和新热带植物区（西半球）。

在第四纪后期，发生于距今15000~9000年，出现了一次规模不小的生物灭绝事件，主要涉及体重超过40 kg的大型陆生哺乳动物。在北美洲，约有33属大型哺乳动物消失，如拟驼、泰坦驼、大羊驼、罕角驼鹿、灌木牛、林地麝牛、巨河狸、高鼻羚羊、畸鸟、泰坦鸟、平克尼豚鼠、旱地地獭、孽子兽、巨爪地獭、副磨齿兽、巨型短面熊、眼镜熊、刃齿虎、美洲拟狮、北美猎豹、恐狼、哥伦比亚猛犸象、美洲乳齿象、古风野牛、平头猪等；在南美洲有46属，如毁灭刃齿虎、大地獭、磨齿兽、南美土著马、箭齿兽、后弓兽、居维叶象、剑乳齿象、泰坦鸟等；澳洲有15属，如双门齿兽、袋犀、袋貘、巨袋鼠、巨型短面袋鼠、沃那比蛇、袋狮、古巨蜥等；亚欧洲有15属，如真猛犸（长毛象）、披毛犀、大角鹿、锯齿虎、洞狮、洞熊、洞鬣狗、西伯利亚野牛、古菱齿象属、巨貘、西瓦兽等；而撒哈拉以南非洲就有两属，以古非洲水牛为代表。值得注意的是，在美洲的灭绝事件中，所有源自南美洲在南北美洲生物大迁徙中向北迁徙的也都消失，各大洲中只有南美洲及澳洲涉及科以上分类的灭绝（图6-15）。关于这次绝灭的原因，科学家认为可能主要是人类的狩猎活动，其次是自然环境的变迁（如第四纪冰期影响），也可能是瘟疫、疾病等。

图6-15　第四纪后期生物灭绝事件中已灭绝的典型物种

新生代的中国和山东

中国新生代古地理明显受太平洋板块、印度板块与亚洲大陆间相对运动的控制，古地理面貌逐渐与现代接近。新生代气候分带明显，气温逐渐变冷，古近纪气候温暖，热带范围宽；新近纪转凉，热带植物南迁；更新世冰川活动广泛，全新世气候转暖。新生代生物界逐渐向现代生物面貌发展；古人类的出现和不断进化及人类活动则是新生代的又一重要特点。

古近纪初期，中国大陆东为太平洋，西南为特提斯海。在东部大陆上发育有大小不同、成因各异的各种盆地，自东部沿海向西拗陷与隆起相间，呈近北东向排列，当时地势起伏不大，但拱曲、断裂活动强烈，隆起区有小型断裂盆地，拗陷区为大型断陷盆地，内部差异升降明显；西北地区由北至南盆地与山系相间，古近纪时地势差异不大，处于准平原状态，主要有准噶尔、塔里木、柴达木、西宁-临夏等盆地；塔里木西南缘位于特提斯海北缘，仍遭受着海侵的影响。此时的藏北地区气候湿润，盆地内湖沼发育，现今世界上最高的喜马拉雅山当时还在海面以下，为特提斯海东段部分，为典型的浅海沉积。台湾地区还是太平洋海槽部分，而渤海、黄海、东海西部、南海北部均处于陆地状态，太平洋的海泛常侵入沿海的凹陷盆地。

始新世晚期开始的喜马拉雅运动导致中国古地理面貌发生重大改变。随着印度大陆迅速向北挤压，与欧亚板块发生强烈碰撞、拼接，形成了印度河-雅鲁藏布江缝合线，特提斯海东段封闭，喜马拉雅山北坡开始隆起，其以北的大陆内部海侵也从此结束。

新近纪时期，青藏高原大面积抬升，估计当时海拔约达2 500 m；西北地

——地学知识窗——

喜马拉雅运动

新生代以来的造山运动被黄汲清称之为“喜马拉雅运动”，这一造山运动因首先在喜马拉雅山区确定而得名。它是发生在亚洲及其周缘新生代以来的造山运动，具有明显的“多幕次性”。这一运动对亚洲地理环境产生重大影响，西亚、中东、喜马拉雅、缅甸西部、马来西亚等地山脉及包括中国台湾岛在内的西太平洋岛弧均告形成，中印之间的古地中海消失，自然地理环境发生明显的区域分异，青藏隆起为世界最高的高原。一般认为，喜马拉雅运动分为 3 个幕：第一幕发生于始新世末、渐新世初，青藏地区成为陆地，从而转为剥蚀区；第二幕发生于中新世，地壳大幅度隆起，伴以大规模断裂和岩浆活动；第三幕发生于上新世末、更新世初，青藏高原整体强烈上升，形成现代地貌格局。中国所有高山、高原现今达到的海拔高度，主要是喜马拉雅运动第三幕以来上升的结果。

区的昆仑山脉、天山山脉、祁连山脉等受喜马拉稚运动影响产生断块隆起，而之前的古近纪盆地则大幅度下降，差异升降表现明显，同时，由于主压引力为南、北向的，导致东西向明显延伸的山系与盆地相间的形态，形成了现今我国西北尤其是新疆地区“三山夹两盆”的地理地貌特征；中国东部隆起区在新近纪又形成一系列新的小型断陷盆地，以发育静水湖泊为主，如山东临朐山旺盆地是典型的温暖气候下静水湖泊沉积；而像松辽盆地等大型断陷盆地以整体下沉为主，盆地范围扩大，发育河湖沉积；东部沿海从长白山区经渤海至郯庐断裂两侧到浙、闽、粤沿海直至海南岛，在上新世时期以玄武岩为主的喷发活动强烈，均有大片熔岩分布；随着日本至台湾岛弧与亚洲大陆的逐步分离，黄海、东海、南海等一系列边缘海逐步形成，渤海湾此时仍为近海盆地；台湾中央山脉升起，海南岛此时也开始与大陆分离。至新近纪末期，中国西高东低的基本格局开始形成，古地理面貌已与现代接近。

进入第四纪，中国的地貌形态既受强烈构造运动的控制，又受全球性冰期、间冰期交错变化及地区性季风环流的影响，地壳差异升降运动之剧烈，使地理环境、地表形态相应变复杂，但自然界的总面貌则是和现代愈来愈趋于一致。青藏地区在第四纪时期经过多次强烈而不均衡的整体断块上升与局部下沉、剥蚀与分割，形成多层次山地地形，地表呈波状山脉，高原与山岭相间；西北地区内的阿尔泰山脉、天山山脉、走廊北山、祁连山脉、昆仑山脉等均为古老的山系，长期处于相对宁静状态，各山体之间为巨大内陆盆地，中心往往为河湖沉积，盆地、高原逐渐形成黄土，戈壁、沙漠成带状分布，高山地区冰川广布；内蒙古及晋陕高原在新近纪以来，在长期剥蚀、夷平的基础上开始上升，在断陷盆地形成一些湖泊堆积，高原上黄土广泛发育，同时戈壁、沙漠也广泛分布；东北地区原为准平原状态；中国南方地区主要是长期上隆遭受剥蚀的中、低山区、高原和丘陵区，喀斯特地貌闻名于世。总之，中国现代的西高东低逐级下降的地表形态及地理格局，长江、黄河东流入海水系等，均是在第四纪内最终完成的。

古近纪、新近纪时期中国的生物界的主要特征是爬行类的大规模衰落、哺乳动物的大量发展和被子植物的极度繁盛。古近纪生物有较多的古老色彩，新近纪则逐渐近似现代生物面貌（图6-16）。

图6-16　具有中国特色的新生代生物代表

山东在整个新生代以发育伸展盆地为特色，同时，这些盆地的发展又有明显的阶段性。

古新世早期，中生代断陷盆地的边缘断裂再次活动，尤以鲁西地区较为明显，在平邑盆地、泗水盆地中开始发育新生代地层。初期由于盆缘断裂活动较弱，湖盆面积较小，加上气候与构造影响，常发育膏盐，胶州一带较典型。

始新世早期，鲁西的各断陷盆地初始时只在盆地中心发育滨浅湖-浅湖环境，大部分地区为河流环境。到了晚期普遍发育山麓洪积，预示着盆地的消亡，其他地区的盆地环境发展基本与此类似。此时的渤海湾盆地由于断陷作用刚开始活动，凹陷区内水域较小，水体浅，导致这个地区出现大量凸起，只在潍北地区水体较深，其当时类似于封闭的大潟湖；随后，各凹陷在断陷加强的前提下湖盆大面积扩大。始新世晚期，鲁西各断陷盆地多数由于断裂活动轻微而停止沉积，只在汶口、汶泗盆地发育湖泊沉积；在临朐—昌乐、龙口—蓬莱一带断裂再次活动，出现湖泊沉积，沉积中心基本与始新世早期一致。此时的渤海湾盆地由于济阳凹陷活动剧烈，凹陷区湖盆地形高差大，各凸起风化剥蚀强烈，沉积厚度巨大。

渐新世时期，整个山东区域性大地构造活动较弱，仅局部盆缘断裂仍有活动。

进入新近纪，中新世沉积主要发育在沂沭断裂带以及临朐、昌乐、安丘、沂水一带，由于此时的断裂活动引发了大规模的玄武岩喷发，之后在火山口附近形成了小型的火山湖沉积，如山旺地区，形成大量硅藻土；在渤海湾盆地，由于构造的沉降作用，河流、三角洲、湖泊环境连续发育。上新世时期，在临朐、昌乐等地由于断裂的持续继续引发了玄武岩的喷发；在渤海湾地区，沉降继续加强，以浅湖环境为主。至后期，鲁西南等地发育了山麓边缘的河湖环境。

第四纪时期的更新世早期，鲁中泰山地区隆起上升，渤海湾盆地下降，沿滨海地区出现少量的火山活动，期间山区遭受剥蚀，凹陷去接受沉积，皆为河流环境。中期，由于渤海湾盆地的大面积沉降，引起海水入侵。晚期，由于黄河流入山东境内，平原区发育更加广泛，而因海侵造成海水沿黄河上溯。

全新世早中期时海水入侵大陆，至4000年前后才退出，海侵鼎盛时期气候湿热，沼泽发育；之后，在山区、平原和海边均有不同环境体现。

——地学知识窗——

新构造运动

挽近地质时期发生的地壳运动，一般以上新世晚期（距今约 340 万年前）以来的构造运动称为新构造运动。除水平运动、垂直运动及保存在第四系里的构造变动外，还涉及火山、地震和为构造作用控制（或与构造作用关联）的外力地质作用，像地表侵蚀、河流袭夺、温泉和地下水活动等，直接影响着人类的生存环境。日本可能是世界上新构造运动最强的国家，意大利西海岸和美国西海岸也是著名的新构造运动区，我国黑龙江的五大连池、吉林的长白山和云南腾冲等是第四纪火山活动区，青藏高原现今的地貌，也是新构造运动造成的。据测泰山现在还在以每年约 1 cm 的速度上升，这也是新构造运动的表现。

Part 7 人类的发展和进化

自从达尔文创立生物进化论后，多数人相信人类是生物进化的产物，现代人和现代类人猿有着共同的祖先。但人类这一支系是何时、何地从共同祖先这一总干上分离开来的？什么是它分离开的标志？一系列问题都有待回答。

人类发展史

人类的出现是新生代最重要的事件，尤其是第四纪是人类出现并大发展的时代，故第四纪又称为“人类时代”。对人类起源问题，众说纷纭。考古学认为人类起源至今已有300万年，但美国学者根据基因测定的结果排序推算，人类起源到现在只有14万年；另外，由于人类同时具有陆生和水生两类动物的基因，对人类究竟产生于陆生动物还是水生动物也争论不休。然而根据人类与哺乳动物的相似程度，可以肯定二者有共同的“源祖”。无论如何，人类是地球生物长期演化的结果，而决不是天外来客。

从生物演化进程看，人类是从哺乳动物中的猿类进化而来的，从猿类的出现到发展为现代人类，经历了多个演化时期（图7-1）。

5000多万年前，灵长类动物呈辐射状演化，从低等灵长类动物原猴类中又分化出高等灵长类动物（即猿猴类，如猕猴、金丝猴、狒狒与猿）。猿类的正式出现可追溯到渐新世，现在所知的最早的古猿是1911年发现于埃及法雍的原上猿，其生存年代为3500万~3000万年前，已经具

图7-1　人类进化简图

图7-2 现在已知最古老的古猿——原上猿

有类人猿的一些性状（图7-2）。

稍晚时期，猿类当中进化出了森林古猿，1856年首次发现于法国的圣戈当，后来，欧、亚、非洲许多地方都发现了同类型的化石，其生存年代在2300万~1000万年之前，这些古猿很可能是现代类人猿和现代人类的共同祖先（图7-3）。随后，森林古猿分化出巨猿、西瓦古猿和拉玛古猿等几个分支。

从猿到人的过渡，如果从拉玛古猿算起，大约经过了1000万年；如果从南方古猿算起，则有200万~300万年。在长期使用天然工具的过程中，过渡时期的古猿终于学会了制造工具，这种自觉的能动性是人类区别于动物的最重要的特点，它标志着从猿到人过渡阶段的结束。

拉玛古猿之后出现了南方古猿，被称为“正在形成中的人”，其生存年代大为500万~150万年前之间，人科动物的历史从此开始。

在非洲东、南部出现了最早的古类人猿。随着东非裂谷的产生及环境的变化，南方古猿为了适应新环境，不得不开始双足行走，但是它们基本保持着树栖的习惯，南方古猿没有改变它们祖先的多数性状，比如个头较小、明显的性别二形性（雄性平均比雌性大50%）、不大的脑、长臂和短腿。南方古猿很大程度上是草食动物，它们的门牙比人类的门牙要大得多，而且臼齿也很大。

250万~150万年前，南方古猿的其中一支进化成能人，最早在非洲东岸出现，

图7-3 森林古猿可能是现代类人猿和现代人类的共同祖先

也就是所谓的早期猿人，能人即能制造工具的人，是最早的人属动物（图7-4）。但随着研究的进展发现，原先认为最早使用工具的能人应该是硕壮人，而且能人已经被归类为属于南方古猿中较晚出现的一个物种。此时旧石器时代开始，后经过数十万年的演进，能人最终被新品种的人类“直立人”所取代而消亡；研究认为，能人与后代直立人曾共存过一段时间。

图7-4　最早在非洲东海岸出现的早期猿人——能人

200万~20万年前，在非洲出现了最早的直立人，也就是所谓的晚期猿人，懂得用火，开始使用符号与基本的语言，并能使用更精致的工具（图7-5）。有证据表明直立人中的一个亚种“壮人”大概在190万~170万年前之间的某个时间从非洲扩散到了亚洲。随后，约100万年前，冰河时期来临，直立人不得不开始迁徙，向世界各地扩张，在欧亚非都有分布，在非洲发现的距今最近的直立人化石已经表现出向着智人发展的趋势。值得注意的是，这次迁徙是人类第一次走出非洲。

25万~3万年前的旧石器中期，非洲出现了早期智人，后向欧亚非各低中纬度区扩张，这是人类第二次走出非洲。直立人走出非洲后，约60万年前在欧洲演

图7-5　懂得用火、工具和基本语言符号的晚期猿人——直立人

化出海德堡人，海德堡人又于约30万年前演化出尼安德特人，主要分布在欧洲和中东，从25万年前至3万年前，是尼安德特人繁荣的时期，它们能制造出更为高级的工具；之后约6万年前，随着冰河期的到来，生存环境愈发困难，终于在约3万年前，所有早期智人被淘汰灭绝（图7–6）。

图7–6　旧石器中期的非洲出现了早期智人并向全球扩散

约1万年到5万年前出现了晚期智人，也就是所谓现代人的祖先。大约10万年前，来自撒哈拉以南的非洲的晚期智人占据了尼安德特人分布的领域。在5万~至6万年前它们到达澳大利亚，3万年前到达亚洲，1.2万年前到达美洲，不过有一些证据证明，这是人类第三次走出非洲（图7–7）。

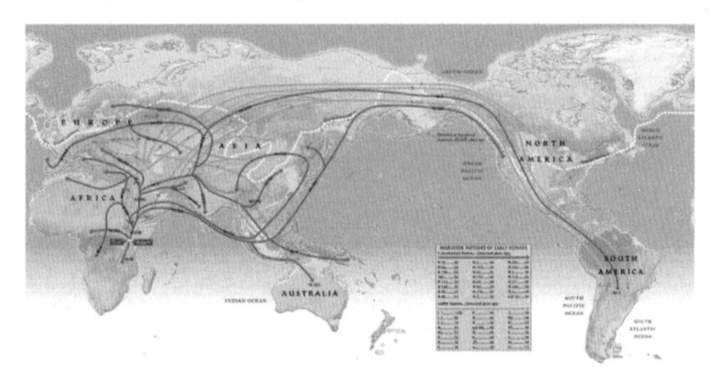

图7–7　晚期智人即现代人的祖先在全球的扩散路径图

晚期智人时代在人类当中出现艺术，并能够人工取火。母系氏族公社，旧石器晚期，也是当今世界四大人种（黄、白、黑、棕）孕育形成的时期（图7–8），这期间，猛犸和剑齿虎灭绝。

图7–8　非常接近现代人的晚期智人

晚期智人出现时，现代人种亦已形成，有的把人种分为三大种，即：蒙古利亚人种、高加索人种和尼格罗人种；也有四大人种的分法，即除上述三种外，还有澳大利亚人种。

中国古人类发展

中国是人类起源和发展的重要地区，中国的古人类发展在全球人类发展史上有着重要的地位。经过研究认为，至今在我国已发现有古猿类、直立人、早期智人和晚期智人等发展阶段。

古猿类阶段：在我国的古猿化石中，最重要的有禄丰古猿（图7-9）和巨猿。禄丰古猿发现于1975年，生存时代距今约800万年前，有不少性状与非洲大猿和南方古猿相近，可能是接近人猿共同祖先的类型。巨猿发现于广西和湖北，是人还是猿有过长时期的争论，现今一般认为它是一种绝灭的特化的猿。

直立人阶段：即早中更新世时期。在我国发现的直立人化石有云南元谋猿人、陕西蓝田猿人、周口店北京猿人、安徽和县猿人等。元谋猿人是1965年5月在云南省元谋县发现的，其年代起初有人定为距今170万年前，但后来有人认为不到100万年，至今仍有争论。蓝田猿人是在陕西省蓝田县的两个地点发现的，用古地磁法测定认为是距今65万年前。北京猿人

图7-9　中国古猿的代表——禄丰古猿

图7-10 中国直立人复原像——云南元谋猿人、蓝田猿人和北京周口店猿人

发现于北京周口店猿人洞中，目前年代认定为50万~70万年前。和县猿人是1980年在安徽省和县发现的，具有许多典型直立人的性状，其年代为距今15万~17万年前（图7-10）。

早期智人阶段：即晚更新世时期。据考古学认定有山西丁村人、湖北长阳人、广东马坝人、山西许家窑人、陕西大荔人、贵州桐梓人、安徽巢县人、辽宁金牛山人等。大荔人于1978年发现于陕西省大荔县，年代为距今20万年前，属于早期智人较早的类型，处于直立人到早期智人的过渡时期。金牛山人是1984年在辽宁省营口市金牛山发现的，研究发现其较大荔人稍有进步。丁村人发现于山西省襄汾县丁村附近的汾河东岸，其生存年代为16万~21万年前。许家窑人于1974年发现，其生存年代距今10.4万~12.5万年。马坝人于1958年发现于广东省曲江区马坝乡的一个山洞中，是在我国南方发现的最重要的早期智人化石，其年代约为13万年前（图7-11）。

图7-11 中国早期智人复原像——广东马坝人、山西丁村人和陕西大荔人

晚期智人阶段：又称新人阶段，出现于5万年前，是现代人的直接祖先，能制造复杂的石器、骨器，用兽皮作衣，并用骨、角、壳等制成装饰品，能摩擦取火，有相当的捕猎技术和捕鱼技术。自1933年在北京周口店首先发现山顶洞人化石以来，迄今已在我国发现了40多个晚期智人遗址，主要有北京山顶洞人、广西柳江人、广西桂林宝积岩人、广西柳州白莲洞人、四川资阳人、重庆巫山河梁人、台湾左镇人、云南丽江人、云南西畴人、云南昆明人、云南蛾山人、云南蒲缥人、山东新泰人、辽宁建平人、贵州兴义人、贵州穿洞人、贵州六枝桃花洞人、贵州白岩脚洞人、贵州安龙观音洞人、贵州长顺青龙洞人、陕西黄龙人、陕西志丹金鼎人、陕西靖边河套人、河北虎头梁人、东北海城小孤山人、哈尔滨阎家岗人、吉林延吉安图人、湖北房县樟脑洞人、江苏大贤庄人、四川汉源富林人等等，其中，柳江人、资阳人和山顶洞人是代表。柳江人是1958年在广西柳江县的一个岩洞中发现的，其头骨具有蒙古人种（黄种）的许多基本特征，是原始的黄种人，他们身材矮小，接近现代东南亚人，代表了蒙古人种的早期类型；柳江人不仅在我国人类进化史上有着重要地位，也是“东亚现代人的最早代表”。资阳人是1951年在四川资阳市发现的，他们仍有些原始特征，但其基本特征与现代人相似，生存时代认定为3.5万~10万年的晚期智人，又被称为“中国最早的现代人代表”。山顶洞人是1933年在周口店龙骨山顶部洞中发掘的，他们具有原始蒙古人种的特征，其年代为距今为2.7万年前（图7-12）。

全新世时期，人类的骨骼、组织发展方面并无大的变化，但生产活动方面进入一个新的阶段，出现了狩猎和采集兼施的人群，使用的劳动工具亦不断改进，称为中石器时代和新石器时代，逐步发展为由采集植物为食到栽培植物，由捕猎为食到豢养动物。

图7-12　中国晚期智人的代表——山顶洞人生活复原场景

山东古人类代表

山东地区目前发现的古人类化石有沂源猿人和新泰乌珠台人，分别属于人类演化历史的直立人和晚期智人阶段，时代上为第四纪更新世的中期和晚期。

新泰乌珠台人于1966年4月发现于新泰市刘杜公社乌珠台村南约700 m的中寒武纪灰岩溶洞中，其形态比较接近于智人；伴生的动物化石有虎、马、猪、鹿、牛和披毛犀等，时代应为晚更新世。虽然新泰乌珠台人的化石材料有限，但是作为山东地区古人类化石的首次发现，它开启了在该地区寻找和研究古人类的先河。

沂源猿人于1981年9月发现于沂源县土门公社芝芳村西北约1.5 km的骑子鞍山东侧一处裂隙堆积中，经研究发现其形态具有直立人的很多典型特征，在分类上可归属直立人，与北京猿人的关系较为密切，其生存的地质年代应属中更新世；与沂源猿人伴生的哺乳动物化石有硕猕猴、大河狸、变异狼、棕熊、中国黑熊、鬣狗、虎、三门马、梅氏犀、李氏野猪、肿骨大角鹿、斑鹿、牛等，生存年代大致为距今约31万年前。沂源猿人化石的发现是山东古人类研究的一次重要突破，将人类在山东这片土地上生存的历史提前了几十万年。

附　表

全球构造运动一览表

地质年代		构造期（Ma）	中国			欧洲		亚洲	美洲	非洲-大洋-南极洲
			构造期	构造运动	地方性构造运动	构造期	构造运动			
新生代Cz	第四纪Q		喜马拉雅期	新构造运动		阿尔卑斯期			帕萨迪纳运动	
		2.588			蓬莱运动 茅台运动 台湾运动		瓦拉几亚运动 罗纳运动 阿提克运动	六甲变动	喀斯喀特运动	凯库拉运动（新西兰）
	新近纪N			喜马拉雅运动	南岭运动 西山运动 大容运动		海尔维第运动 施蒂里亚运动	瑞穗运动		
		23.03								
	古近纪E						萨瓦运动 比利牛斯运动			
		65.5	燕山期	燕山运动	衡阳运动 田阳运动 四川运动 茅山运动 闽浙运动 萍乡运动				拉勒米运动 塞维尔运动	
中生代Mz	白垩纪K						亚海西运动 奥地利运动	大岛运动	内华达运动 安第斯运动	
		145			兴安运动 南澳运动		晚基梅里运动	飞驒运动		兰吉他塔运动（新西兰）
	侏罗纪J				朝阳变动 宁镇运动 三湾运动			前佐川运动		
		199.6	印支期		南象运动 三都运动		早基梅里运动			
	三叠纪T			印支运动				丰岳运动 本州运动		
		252.17			桂西运动 金子运动 淮阳运动 龙华运动 安源运动 艮口运动		普法尔茨运动 萨尔运动	秋吉运动	阿巴拉契亚运动	
古生代Pz	二叠纪P		海西期		秦岭变动 通化运动 苏皖运动	华力西期	阿斯图里运动			塔伯拉伯运动
		299			黔贵运动 东吴运动 明山运动		苏台德运动	阿尔泰运动		
	石炭纪C						布雷顿运动			
		359.58		天山运动	昆明运动 鲁中运动			乌拉尔运动	阿卡迪运动 安特勒运动	
	泥盆纪D				建康运动 伊犁运动 淮南运动 江南运动 八桂运动 柳江运动 宁夏运动 平阳运动 曲靖运动					
		416	加里东期			加里东期	阿登运动 伊利运动			
	志留纪S				湘桂运动 祁连运动					
		443.8					塔科尼运动			
	奥陶纪O			广西运动	古浪运动 崇余运动 怀远运动		撒丁运动	萨拉伊尔运动		罗斯运动（南极）
		485.4			郁南运动 云贵上升		阿辛特运动 卡多米运动		巴西运动	泛非运动
	寒武纪Є		兴凯期	兴凯运动	风台运动 陶来运动 新邵运动					
		542	晋宁期							
新元古代Pn	震旦纪Z				澄江运动				基拉尔尼运动	
		635								
	南华纪Nh									阿图特运动（澳洲）
		780								
	青白口纪Qb			晋宁运动	双桥运动 雪峰运动 皖南运动 休宁运动 豫西运动 昆阳运动					
		1000								

(续表)

地质年代		构造期(Ma)	中国			欧洲		亚洲	美洲	非洲-大洋-南极洲
			构造期	构造运动	地方性构造运动	构造期	构造运动			
中元古代Pm	待建		晋宁期	四堡运动	祁门运动 燕辽运动 梵净运动 武陵运动 东安运动 铁岭运动		达尔斯兰运动		格伦维尔运动 加达运动	基巴拉旋回 比里姆运动
		1400								
	蓟县纪Jx									
		1600								
	长城纪Ch			吕梁运动	中岳运动 熊耳运动 杨庄运动 兴城运动 头泉运动 栾川运动 大别运动 易门运动 龙川运动 中条运动		瑞典-芬兰运动 卡累利阿运动		埃尔森运动 凯蒂利德运动 哈德逊运动 休伦运动 凯诺拉运动	林波波旋回 基巴拉-布干达-托罗运动 墨西拿运动
		1800								
古元古代Pp	滹沱纪Hu		吕梁期	五台运动	鞍山运动 蚌埠运动 胶东运动 兴和运动 嵩阳运动				阿尔戈马运动	
		2500								
新太古代An			五台期						纳格苏托基德运动	沙姆瓦旋回
			阜平期	阜平运动	铁堡运动					
		2800		迁西运动	铁架山运动					
中太古代Am			迁西期							卢阿拉巴旋回
		3200								
古太古代Ap										
		3600								
始太古代Ae										
		4000								
冥古代HD										
		4600								

参考文献

[1] D. V. Ager，王仪诚. 1981. 古生态学原理[M]. 科学出版社, 北京.

[2] R. W. 费尔布里奇, D. 雅布隆斯基. 1989. 古生物学百科全书(上、下册) [M]. 地质出版社, 北京.

[3] 沉积构造和环境解释[M]. 1984. 科学出版社, 北京.

[4] 地球科学大辞典[M]. 2006. 地质出版社, 北京.

[5] 杜元生, 童金南. 1998. 古生物地史学概论[M]. 中国地质大学出版社, 北京.

[6] 范方显. 1994. 古生物学教程[M]. 石油大学出版社, 东营.

[7] 傅英祺等. 1987. 地史学简明教程[M]. 地质出版社, 北京.

[8] 郝守刚等. 2000. 生命的起源与演化：地球历史中的生命[M]. 高等教育出版社, 北京.

[9] 何锡麟. 1997. 地史学简明教程[M]. 煤炭工业出版社, 北京.

[10] 何心一, 徐桂荣等. 1993. 古生物学教程[M]. 地质出版社, 北京.

[11] 刘本培, 全秋琦. 1996. 地史学教程(第三版) [M]. 地质出版社, 北京.

[12] 全秋琦, 王治平. 1993. 简明地史学[M]. 中国地质大学出版社, 武汉.

[13] 王鸿祯. 1956. 地史学教程[M]. 地质出版社, 北京.

[14] 王鸿祯等. 1985. 中国古地理图集[M]. 地图出版社, 北京.

[15] 王思恩等. 1985. 中国的侏罗系(中国地层11) [M]. 地质出版社, 北京.

[16] 王英华, 鲍志东, 朱筱敏. 1995. 沉积学及岩相古地理学新进展[M]. 石油工业出版社, 北京.

[17] 吴汝康. 1976. 人类的起源和发展[M]. 科学出版社, 北京.

[18] 武汉大学, 南京大学, 北京师范大学. 1978. 普通动物学[M]. 人民教育出版社, 北京.

[19] 杨式溥. 1993. 古生态学原理及方法[M]. 地质出版社, 北京.

[20] 殷鸿福等. 1988. 中国古生物地理学[M]. 中国地质大学出版社, 武汉.

[21] 张文堂. 1987. 澄江动物群及其中的三叶虫[J]. 古生物学报, 26(3).